UE 3a
Organisation des appareils et des systèmes

Chez le même éditeur

Dans la même collection Pass'Santé QCM :

UE 1 - Atomes - Biomolécules - Génome - Bioénergétique - Métabolisme, par J. Gabert, H. Galons. 2010, 128 pages.

UE 4 - Évaluation des méthodes d'analyse appliquées aux sciences de la vie et de la santé, par O. Semoun, A.-J. Valleron. 2010, 160 pages.

Dans la collection Pass'Santé Cours :

UE 1 - Atomes - Biomolécules - Génome - Bioénergétique - Métabolisme, par J. Gabert, H. Galons. 2010, 304 pages.

UE 3a - Organisation des appareils et systèmes - Bases physiques des méthodes d'exploration, par F. Giammarile, C. Scheiber, A. Crut, C. Pailler-Mattei. 2010, 304 pages.

UE 4 - Évaluation des méthodes d'analyse appliquées aux sciences de la vie et de la santé, par A.-J. Valleron. 2010, 232 pages.

Pass'Santé
Conforme au programme PAES
1re ANNÉE DES ÉTUDES DE SANTÉ

QCM

UE 3a

Organisation des appareils et des systèmes

Bases physiques des méthodes d'exploration

F. Giammarile, C. Scheiber, J.-P. Vuillez

ELSEVIER
MASSON

ISBN : 978-2-294-70899-2

Elsevier Masson SAS, 62, rue Camille-Desmoulins, 92442 Issy-les-Moulineaux cedex
www.elsevier-masson.fr

Utilisation du cache-réponses

Cet ouvrage vous propose un mode d'entraînement aux QCM, rapide et convivial. Grâce à un système de cache-réponses, vous disposez sur chaque double page :

– des questions, accompagnées de cases à cocher ;

– de leurs réponses, cachées ;

– de commentaires des auteurs (explication d'un piège, complément de cours, conseil, etc.).

Le travail d'entraînement et le contrôle de vos résultats se réalisent donc double page après double page, sans navigation laborieuse dans l'ouvrage.

L'utilisation du cache est très simple ; nos conseils sont les suivants :

1. Le cache-réponses, une fois détaché, doit être plié sur la longueur, suivant la rainure prévue à cet effet.

2. Il se positionne dans la gouttière de l'ouvrage, c'est-à-dire au « centre », à cheval sur la page de gauche et la page de droite. Les cases pré-cochées fournissant les réponses sont occultées tandis que les cases vierges sont à votre disposition pour un travail au crayon dans les conditions réelles du concours.

3. Une fois l'ensemble des réponses aux QCM de la double page cochées, le cache peut être enlevé pour le contrôle des résultats.

4. Des appels de notes vous renvoient alors à un ou plusieurs commentaires situés en bas de page dans la zone grisée.

Important : lors du contrôle de vos résultats sur une double page donnée, nous vous conseillons de glisser le cache-réponses dans la double page suivante : ainsi, quand vous passerez à cette nouvelle double page, votre œil – qui travaille très efficacement et éventuellement à l'encontre de votre volonté – ne sera pas tenté d'en «photographier» les corrigés.

L'éditeur

Table des matières

Avant-propos

Cet ouvrage est destiné aux étudiants de l'UE 3 de la Première année des études de santé (PAES). Cette première édition est une compilation de questionnements à choix multiples de biophysique médicale tels qu'ils ont été proposés, pour la majorité d'entre eux, aux concours des facultés de Lyon et de Grenoble ces dernières années mais sélectionnés pour prendre en compte les modifications du programme voulu par la réforme des études médicales.

La PAES réunit des candidats aux études de médecine, aux études de pharmacie, de maïeutique, de kinésithérapie et d'odontologie. Les enseignements en présentiel sont dispensés de façon très différente sur l'université de Lyon et sur celle de Grenoble mais le programme reste très similaire. Les auteurs, biophysiciens des facultés de médecine, ont voulu illustrer cette harmonisation de l'enseignement en écrivant un recueil commun aux deux universités.

L'enseignement des sciences fondamentales ne se conçoit pas sans une manipulation des concepts à travers des exercices et la résolution de problèmes. Ici, la pédagogie classique se trouve confrontée aux contraintes imposées par le nombre très élevé de candidats à un concours très sélectif. L'enseignement dirigé est difficile à dispenser en présentiel et, même si un soutien important sera apporté par les associations d'étudiants, certains d'entre eux trouveront nécessaire d'obtenir un soutien pédagogique auprès de structures privées.

Dans tous les cas, plus ou moins selon l'intérêt de l'étudiant pour la discipline, l'objectif principal reste la réussite au concours qui passe par une adaptation rapide au mode de questionnement choisi pour l'épreuve.

Quels que soient le niveau et la matière, la rédaction de QCM est un art difficile pour l'enseignant comme pour l'étudiant. L'enseignant, malgré toutes les sécurités apportées par la rédaction en groupe, colore d'une certaine façon le libellé d'un QCM et, en cela, le rend parfois dépendant de son cours. Les différences peuvent être subtiles mais sont à considérer dans le contexte du *numerus clausus*.

Certains QCM sont en fait des exercices et peuvent donc demander un temps de résolution plus long. Dans tous les cas les réponses sont commentées en fonction des difficultés.

Les facultés de Lyon et de Grenoble ont dû renoncer à l'usage de la calculatrice pour le concours et la résolution des QCM n'en nécessite pas sauf quelques-uns laissés pour leur intérêt pédagogique. Ils sont faciles à reconnaître.

Ce recueil de QCM vient compléter un ouvrage du cours chez le même éditeur. Le livre concernant le premier semestre (S1) a été rédigé par les enseignants de Lyon mais avec la même idée d'harmonisation avec la faculté de Grenoble.

F. Giammarile
C. Scheiber
J.-P. Vuillez

1.

Généralités sur les états de la matière

QCM

1. Dans les unités du système international les grandeurs suivantes s'expriment en

A. newton pour le travail ☐ 1.1☐
B. bar pour la pression ☐ ☐
C. joules la puissance ☐ ☐
D. mètres cube pour le volume ☒ ☑
E. secondes pour le temps ☒ ☑

2. La dimension(2.1)

A. d'une surface est $[L]^2$ ☒ ☑
B. d'une force est $[M]\cdot[L]\cdot[T]^{-1}$ ☐ ☐
C. d'un travail est $[M]\cdot[L]^2\cdot[T]^{-1}$ ☐ ☐
D. d'une vitesse est $[L]\cdot[T]^{-1}$ ☒ ☑
E. d'une charge électrique est $[I]\cdot[T]\cdot[L]$ ☐ ☐

3. Potentiel et champ électrique

A. le champ électrique dérive d'un potentiel électrique ☒ ☑
B. pour calculer le moment dipolaire, on fait le produit des deux charges du dipôle par la distance qui les sépare ☐ 3.1☐
C. le champ électrique créé par une charge ponctuelle est défini en tout point de l'espace ☐ 3.2☐
D. la loi de Coulomb décrit la force d'interaction appelée force électrique ☐ ☑
E. la charge totale se conserve pour tout processus se produisant au sein d'un système isolé ☐ ☑

1.1. Attention à ne pas confondre travail et puissance. Dans le SI la pression est en pascal Pa.
2.1. L'équation aux dimensions permet de relier des grandeurs dérivées aux grandeurs fondamentales que sont longueur, masse, temps, intensité de courant, température, intensité lumineuse et quantité de matière.
3.1. Faux : on fait le produit de la charge (q) par la distance qui les sépare.
3.2. Faux : car il ne peut pas être défini là ou elle se trouve.

4. Système thermodynamique

☐ 4.1 ☐ **A.** un système fermé n'échange ni matière ni énergie avec l'extérieur

☐ 4.2 ☐ **B.** un système isolé n'est pas capable de fournir un travail ou d'échanger de la chaleur

☐ 4.3 ☐ **C.** la variation d'énergie interne d'un système est égale à la somme des forces extérieures

☑ ☐ **D.** l'énergie totale d'un système isolé reste constante

☑ ☐ **E.** un système isolé vis-à-vis des échanges thermiques est dit adiabatique

5. Température et la chaleur

☐ 5.1 ☐ **A.** la température est une grandeur extensive

☑ ☐ **B.** le zéro absolu correspond à un état d'un gaz où la pression est nulle

☑ ☐ **C.** la température et la pression peuvent varier indépendamment

☐ 5.2 ☐ **D.** le coefficient conductivité thermique du cuivre étant bien supérieur à celui de l'eau, à la température T = 50 °C, par le toucher le cuivre semblera beaucoup moins chaud que l'eau

☑ ☐ **E.** la chaleur est la partie du travail qui ne peut être exprimée comme le produit d'une force moyenne et d'un déplacement

4.1. Faux : il peut échanger de l'énergie.
4.2. Faux : il est capable de fournir un travail interne mais pas à l'extérieur.
4.3. Faux : il est égal au travail des forces extérieures et pas à leur somme.
5.1. La température est une grandeur intensive (ou non additive).
5.2. Le cuivre conduit mieux la chaleur que l'eau (coefficient conductivité thermique supérieur), on aura donc, à la même température, une sensation plus chaude car plus de chaleur est transférée à la peau.

6. Les molécules

A. une molécule est polaire quand $\Sigma \cdot p = 0$ avec p = moment dipolaire ☐ 6.1☐
B. les forces de London (interaction dipôle induit-dipôle induit) existent dans toutes les molécules ☐ 6.2☐
C. tous les composés ayant des atomes d'hydrogène sont susceptibles de créer des liaisons hydrogène (H) ☐ ☐
D. l'existence d'interactions H entre les H_2O et le groupement –OH de l'alcool rendent compte de la solubilité du méthanol dans l'eau ☒ ☑
E. l'acide méthanoïque (ac. formique) H-COOH a une plus grande solubilité dans l'eau que l'acide butanoïque (CH_3-CH_2-CH_2-COOH) ☐ 6.3☑

7. Dans les érythrocytes à 37 °C, on mesure les concentrations cellulaires suivantes : [ATP] = 3,0 $mmol \cdot L^{-1}$, [ADP] = 0,2 $mmol \cdot L^{-1}$, [Pi] = 1,5 $mmol \cdot L^{-1}$. On donne la variation d'enthalpie libre standard liée à la réaction de la formation d'ADP et de Pi soit $\Delta G°_r(310\ K) = -30\ kJ \cdot mol^{-1}$ (7.1)

A. $\Delta G_r(310\ K)$ est environ de + 36 $kJ \cdot mol^{-1}$ dans le sens de la formation d'ATP ☐ ☐
B. la réaction est spontanée dans le sens de la formation de l'ADP et du Pi ☒ ☑
C. la réaction est spontanée dans le sens de la formation de l'ATP ☐ ☐
D. la réaction est à l'équilibre ☐ ☐
E. on ne peut pas prévoir le sens de la réaction, il manque des données ☐ ☐

8. Un réfrigérateur fonctionnant de façon réversible entre S_{int} ($T_{int} = -3$ °C) et S_{ext} ($T_{ext} = 27$ °C) considérés comme des réservoirs de chaleur. Si W est le travail reçu par le fluide de la part du compresseur et Qc et Qf les quantités de chaleur échangées respectivement avec les sources chaude et froide, que vaut le rapport de l'énergie enlevée à la source froide divisée par le travail investi (efficacité) ? (8.1)

A. < 10 ☐ ☑
B. 15 ☐ ☐
C. 20 ☐ ☐
D. 25 ☐ ☐
E. > 30 ☐ ☐

6.1. Faux : elle est apolaire.
6.2. Faux : les forces de London = dipôle induit–dipôle instantané.
6.3. C'est un composé polaire et il n'a pas de chaîne $-CH_2$ qui viendrait diminuer sa solubilité.
7.1. $\Delta G_r(310\ K) = \Delta G°_r(310\ K) + RTLnQ = -30\ 000 + 8{,}3 \times 310\ (-2{,}3) \times 4 \approx -54\ 000$.
8.1. Au cours du cycle la variation d'énergie interne du fluide est nulle. $W + Qf + Qc = 0$ avec $Q_c < 0$ et W et $Q_f > 0$ donc $W = -Q_f - Q_c$. D'après le deuxième principe, l'entropie échangée est nulle sur le cycle $Q_f/T_f + Q_c/T_c = 0$ d'où $W = Q_f(T_c/T_f - 1)$. $e = Q_f/W = T_{froide}/(T_{chaude} - T_{froide})$. $e = 270/(300 - 270) = 9$.

9. Le moment dipolaire de molécules asymétriques

☑ ☐ **A.** est permanent
☐ ☐ **B.** exerce une attraction non orientée sur les molécules chargées
☑ ☐ **C.** est du à la non-concordance des barycentres des charges positives et des charges négative
☑ ☐ **D.** s'exprime en coulomb·mètre (C·m), ou par commodité en debye (D) (1 D $= 3{,}33564 \times 10^{-30}$ C·m)
☐ ☐ **E.** aucune réponse n'est juste

10. Moment dipolaire

☑ ☐ **A.** le dipôle électrique représenté par une molécule symétrique placée dans un champ électrique a une charge totale nulle
☐ ☐ **B.** le moment dipolaire permanent de molécules asymétriques est proportionnel à la distance qui sépare les centres de gravité des charges électriques de signe opposé
☑ ☐ **C.** le moment dipolaire de molécules symétriques placées dans un champ électrique exerce une attraction sur les molécules chargées
☐ ☐ **D.** cette attraction est saturable
☐ ☐ **E.** aucune réponse n'est juste

11. La molécule d'eau

☑ ☐ **A.** est un dipôle permanent
☑ ☐ **B.** a une chaleur de vaporisation élevée
☑ ☐ **C.** a une constante diélectrique élevée
☑ ☐ **D.** se dissocie naturellement en ion oxonium H_3O^+ et ion hydroxyde OH^-
☐ ☐ **E.** aucune réponse n'est juste

12. La molécule d'eau

☑ ☐ **A.** a un plan de symétrie perpendiculaire au plan de la molécule
☑ ☐ **B.** est liée à ses voisines par des liaisons hydrogène
☑ ☐ **C.** a un moment dipolaire très élevé
☐ ☐ **D.** traverse facilement la double couche phospholipidique des membranes, sans nécessité d'une protéine
☐ ☐ **E.** aucune réponse n'est juste

13. La liaison hydrogène

☐ ☐ **A.** est plus forte que la liaison covalente
☑ ☐ **B.** est plus forte que les forces de Van de Waals
☐ ☐ **C.** lie un hydrogène covalent à un atome électronégatif d'une autre molécule
☐ ☐ **D.** explique le point d'ébullition élevé de l'eau
☐ ☐ **E.** aucune réponse n'est juste

14. La liaison covalente

A. est obtenue par mise en commun d'électrons entre deux atomes	☐	☑
B. est saturable	☐	☑
C. n'est pas orientée	☐	☑
D. se produit le plus fréquemment entre des atomes d'électronégativités semblables.	☐	☐
E. aucune réponse n'est juste	☐	☐

15. Les ions en solution

A. se solvatent en attirant les dipôles de l'eau	☐	☑
B. sont d'autant plus petits à l'état solvaté qu'ils sont petits à l'état non solvaté	☐	☐
C. ont une mobilité dans un champ électrique qui varie en raison inverse de leur taille	☐	☑
D. génèrent une force ionique donnée par $I = ½ \Sigma_i C_i z_i^2$	☐	☑
E. aucune réponse n'est juste	☐	☐

16. La solvatation des ions

A. augmente avec leur charge	☐	☑
B. augmente leur mobilité dans un champ électrique	☐	☑
C. est permise par les dipôles de l'eau qui forment une « cage » flexible autour des ions empêchant la formation de liens entre ions de charge opposée.	☐	☑
D. joue un rôle essentiel dans les cellules vivantes	☐	☑
E. aucune réponse n'est juste	☐	☐

17. Soit une solution aqueuse d'une molécule AnCm dissociable constituée de n atomes d'un anion A et de m atomes d'un cation C. Le degré de dissociation de cette molécule est de 15 %. Si la solution contient un nombre M (petit) de molécules AnCm par litre, quelle est l'osmolarité de la solution ?

A. Mx (1 + 0,15 (n + m − 1))	☐	☑
B. Mx (1 + 0,15 (n + m + 1))	☐	☐
C. Mx (0,7 + 0,15 (n − m))	☐	☐
D. Mx (0,7 + 0,15 (n + m))	☐	☐
E. aucune réponse n'est juste	☐	☐

18. Soit une solution aqueuse d'une molécule AnCm dissociable constituée de n atomes d'un anion A et de m atomes d'un cation C. Le degré de dissociation de cette molécule est de 65 %. Si la solution contient un nombre M (petit) de molécules AnCm par litre, quelle est l'osmolarité de la solution ?

☐ ☐ **A.** Mx (1 + 0,35 (n + m − 1))
☐ ☐ **B.** Mx (1 + 0,35 (n + m + 1))
☑ ☐ **C.** Mx (1 + 0,65 (n + m − 1)
☐ ☐ **D.** Mx (0,5 + 0,5 (n + m))
☐ ☐ **E.** aucune réponse n'est juste

19. Le potentiel normal d'une électrode d'argent plongeant dans une solution de chlorure d'argent étant de + 0,80 volt, en déduire à 27 °C le potentiel de l'électrode métallique en volt, si le sel d'argent est à une concentration de 10^{-4} M[19.1]

☑ ☐ **A.** + $5{,}7 \cdot 10^{-1}$
☐ ☐ **B.** − $6{,}8 \cdot 10^{-1}$
☐ ☐ **C.** − $9{,}4 \cdot 10^{-1}$
☐ ☐ **D.** + 1,3
☐ ☐ **E.** 0

20. Dans un condensateur contenant du gaz ionisé le potentiel électrique est de la forme $V = kx^2$ où x repère la distance du point considéré à une plaque du condensateur. On traitera le problème à une dimension, $x > 0$.

☑ 20.1 ☐ **A.** le champ électrique est égal à − 2k·x
☐ 20.1 ☐ **B.** le champ électrique est égal à − $k \cdot x^3/3$
☐ 20.1 ☐ **C.** le champ électrique est égal à 2k·x
D. une charge q = − e placée entre les plaques du condensateur subira une
☑ 20.2 ☐ force électrostatique de module 2e·k·x
☐ 20.3 ☐ **E.** l'énergie potentielle de cette même charge vaudra 2e·k·x

19.1. Relation de Nernst avec un ion monovalent z = 1.
20.1. E = − gradV, donc E = − dV/dx = − 2k·x.
20.2. Le module de la force F = q·E = − e·(− 2k·x) = 2e·k·x.
20.3. L'énergie potentielle $Ep = qV = - ek \cdot x^2$.

21. Dans un volume de 5 litres contenant 0,1 mole·L^{-1} de $CaCl_2$ (se dissociant complètement en Ca^{2+}, 2 Cl^-), combien faut-il dissoudre de NaCl (se dissociant complètement en Na^+, Cl^-) pour obtenir une solution à 280 mEq·1^{-1} de Cl(21.1)
On donne MNa = 23, MCl = 35,5, MCa = 40 g·mol^{-1}.

A. 23,40 g ☐ ☑
B. 4,68 g ☐ ☐
C. 10,53 g ☐ ☐
D. 52,65 g ☐ ☐
E. 11,70 g ☐ ☐

22. Dans un calorimètre (avec une fuite de 200 J·K^{-1}), on mélange 0,1 L de NaOH en solution à 2 mol·L^{-1} et 0,1 L de solution d'HCl à 2 mol·L^{-1}. L'augmentation de la température est de 43 °C lors de la réaction.
On donne : solution = 4 180 J·kg^{-1}·K^{-1}

A. cette réaction est exothermique ☐ ☑
B. la masse des réactifs est de 0,00153 kg ☐ 22.1 ☐
C. l'énergie libérée lors de la réaction est de $1{,}12 \cdot 10^3$ J ☐ 22.2 ☐
D. l'énergie libérée par mole de réactif est de l'ordre de $5{,}6 \cdot 10^3$ kJ·mol^{-1} ☐ 22.3 ☐
E. il y a un changement de phase au cours de cette réaction ☐ 22.4 ☐

23. Les rayons ioniques de Na^+, Cl^-, Ca^{2+} et PO_4^{3-} sont dans le vide et, pour l'exercice, de respectivement 102,198, 80 et 120 pm
Calculer le rapport de l'énergie d'attraction entre d'une part Ca^{2+} et PO_4^{3-} au numérateur et d'autre part un ion Na^+ et un ion Cl^- au dénominateur(23.1)

A. 0,25 ☐ ☐
B. 2 ☐ ☐
C. 4 ☐ ☐
D. 9 ☐ ☑
E. 12 ☐ ☐

21.1. $CaCl_2$ à 0,1 mole·L^{-1} : 0,2 eq/L de Cl^- et 0,2 eq/L de Ca^{2+}. Pour obtenir 280, il faut : 280 − 80 = 80 mEq·L^{-1}. NaCl → 0,08 M : en poids 0,08 × 58,5 = 4,68. Pour 5 L : 23,4 g.
22.1. (0,1 × 2 × 40) + (0,2 × 36,5) = 15,3 g = 0,0153 kg.
22.2. ((0,0153 × 4 000 + 200) × 43) = $1{,}1232 \cdot 10^4$.
22.3. ((0,0153 × 4 000 + 200) × 43) × 5 = 56 158 ≈ $5{,}6 \cdot 10^4$.
22.4. Faux : c'est toujours en phase aqueuse.
23.1. Comme on est dans le vide, les ions ne sont pas hydratés et on modélise de la façon la plus simple : les sphères viennent au contact et on suppose la charge concentrée au centre. On fait la somme des rayons NaCl = 102 + 198 = 300 et $CaPO_4$ = 80 + 120 = 200. En prenant en compte les charges, le rapport est de (6 × 300)/((1 × 200) = 9).

24. Forces intermoléculaires

- ☑ ☐ **A.** les forces de Van Der Walls sont caractérisées par leur action à courte distance
- ☑ ☐ **B.** les liaisons hydrogènes jouent un rôle important dans le maintien des structures macromoléculaires
- ☐ ☐ **C.** les forces de Van Der Walls participent à l'augmentation de l'agitation moléculaire
- ☐ ☐ **D.** les forces de Keesom sont en rapport avec l'existence d'un dipôle permanent
- ☐ ☐ **E.** les forces de London sont systématiquement associées à des forces de Keesom

25. De l'eau à 0 °C est mise en contact avec un mélange gazeux contenant 5 % de CO_2 et 95 % d'O_2. Si l'on admet que le CO_2 a un coefficient de solubilité 25 fois supérieur à celui de l'O_2, quelle sera la proportion (CO_2/O_2) de gaz dissous dans l'eau ?[25.1]

- ☐ ☐ **A.** incalculable, car il manque la valeur de la constante des gaz parfaits.
- ☐ ☐ **B.** identique à celle du mélange gazeux, car au bout d'un temps suffisamment long, les 2 milieux vont s'équilibrer.
- ☑ ☐ **C.** 1,316
- ☐ ☐ **D.** 47,5
- ☐ ☐ **E.** 0,0526

26. Les états de la matière

- ☐ ☐ **A.** la chaleur latente de vaporisation correspond, à une pression donnée, à la température qu'il faut atteindre pour transformer un liquide en gaz
- ☑ ☐ **B.** le volume spécifique d'un solide en général est plus grand que pour son état liquide
- ☑ ☐ **C.** il est possible de liquéfier un gaz en augmentant la pression ou en diminuant la température
- ☐ ☐ **D.** pour sublimer un corps, il faut obligatoirement se situer au niveau du point triple
- ☑ ☐ **E.** l'eau est un très bon régulateur thermique car sa chaleur latente de vaporisation est élevée

25.1. $V(CO_2) = S(CO_2) \times 5/100$ et $V(O_2) = S(O_2) \times 95/100 \rightarrow V(CO_2)/V(O_2) = 2{\cdot}25 \times 5/95 = 1{,}316$.

27. Liaisons intermoléculaires

A. dans une molécule, la présence d'un moment dipolaire permanent exclut l'induction d'un moment dipolaire induit ☐ ☐
B. pour un corps pur, elles sont aussi intenses à l'état liquide qu'à l'état gazeux ☐ ☐
C. elles se différencient de la liaison de covalence par leur plus grande énergie ☐ ☐
D. elles représentent un équilibre dynamique entre des forces d'attraction et des forces de répulsion ☐ ☑
E. elles sont facilement rompues par un apport de chaleur ☐ ☑

28. L'eau

A. la masse volumique de l'eau liquide croît uniformément avec la température ☐ ☐
B. l'eau a une constante de dissociation égale à 10^{-1} ☐ ☐
C. l'eau a une très faible conductivité électrique ☐ ☑
D. la tension superficielle de l'eau est très faible ☐ ☐
E. dans l'eau, le diamètre de l'ion K^+ (M = 39) est plus grand que celui de l'ion Na^+ (M = 23) ☐ ☐

29. Quelle est la conductivité équivalente limite Λ_0 de la potasse KOH à 25 °C en $S{\cdot}m^2{\cdot}mol^{-1}$?(29.1)

A. impossible à calculer, manque des données ☐ ☐
B. $52,4{\cdot}10^{-3}$ ☐ ☐
C. $39,8{\cdot}10^{-3}$ ☐ ☐
D. $27,1{\cdot}10^{-3}$ ☐ ☑
E. $9,8{\cdot}10^{-3}$ ☐ ☐

30. À quelle profondeur sous l'eau se trouve environ un plongeur quand il est soumis à une pression Patm de 1 atmosphère ?
On donne la pression atmosphérique Patm = 760 mmHg, g = 9,81 $m{\cdot}s^{-2}$, masse volumique du mercure égale 13 600 $kg{\cdot}m^{-3}$ et masse volumique de l'eau égale 1 000 $kg{\cdot}m^{-3}$.

A. 0 m ☐ ☑
B. 1 m ☐ ☐
C. 5 m ☐ ☐
D. 10 m ☐ ☐
E. aucune réponse n'est juste ☐ ☐

29.1. La conductivité équivalente limite d'un électrolyte est égale à la somme des conductivités équivalentes limites des ions (loi de Kohlaursh).

31. À quelle profondeur sous l'eau se trouve environ un plongeur quand il est soumis à une pression de 2 atmosphères ($= 2 \times$ Patm).
On donne la pression atmosphérique Patm = 760 mmHg, $g = 9{,}81\ m{\cdot}s^{-2}$, masse volumique du mercure égale 13 600 $kg{\cdot}m^{-3}$ et masse volumique de l'eau égale 1 000 $kg{\cdot}m^{-3}$.

- ☐ ☐ **A.** 0 m
- ☐ ☐ **B.** 1 m
- ☐ ☐ **C.** 5 m
- ☑ ☐ **D.** 10 m
- ☐ ☐ **E.** aucune réponse n'est juste

32 et 33.
Dans un ballon de 5 litres, on introduit 1,6 g d'oxygène et 1,1 g de CO_2, à la température de 0 °C. Ce ballon est mis en contact avec de l'eau.
Masse molaire de $O_2 = 32$; masse molaire de $CO_2 = 44$.
Constante des gaz parfaits = 8,32 $J{\cdot}K^{-1}{\cdot}mol$.

32. Quelle est la pression partielle (en kPa) de O_2 dans le ballon ?

- ☐ ☐ **A.** 11,3
- ☐ ☐ **B.** 18,4
- ☑ ☐ **C.** 22,7
- ☐ ☐ **D.** 42,3
- ☐ ☐ **E.** 64,1

33. Quel est le volume de CO_2, en $mL{\cdot}L^{-1}$, dissous dans l'eau ?
Coefficient de solubilité de CO_2, dans l'eau, à 0 °C = $3{,}5{\cdot}10^{-3}$L de $CO_2{\cdot}L^{-1}$ d'eau$\cdot kPa^{-1}$.

- ☐ ☐ **A.** 3,5
- ☐ ☐ **B.** 12,6
- ☐ ☐ **C.** 18,9
- ☐ ☐ **D.** 23,7
- ☑ ☐ **E.** 39,7

34. Concernant la pression et la température

- ☐ ☐ **A.** la température est une grandeur extensive
- ☑ ☐ **B.** le zéro absolu correspond à un état où la pression est nulle
- ☐ ☐ **C.** pour établir l'échelle de température centigrade (Celsius) ne tient pas compte de la pression atmosphérique
- ☐ ☐ **D.** la pression a pour dimensions : $[M]{\cdot}[L]^{-2}{\cdot}[T]^{-2}$
- ☑ ☐ **E.** la constante des gaz parfaits est égale à NA (nombre d'Avogadro) fois la constante de Boltzman

QCM

35 et 36.
À 0 °C et à la pression atmosphérique, un mélange gazeux dans un ballon est constitué de 90 % (rapport molaire) d'oxygène et 10 % de CO_2. (1 atmosphère = 10^5 Pa).

35. Quelle est la pression partielle du CO_2 ?

A. 7,6 cmHg	☐	☑
B. 104 N/m^2	☐	☑
C. 10 kPa	☐	☑
D. 684 mmHg	☐	☐
E. 0,9 atmosphère	☐	☐

36. Porté à 37 °C, ce ballon est mis en contact avec de l'eau. Quel est le volume, en mL/L, de CO_2 dissous dans l'eau ?
Coefficient de solubilité du CO_2 dans l'eau, à 37 °C : $4{,}9 \cdot 10^{-3}$.

A. 49,0	☐	☐
B. 55,6	☐	☑
C. 68,6	☐	☐
D. 98,0	☐	☐
E. 245,0	☐	☐

37. On dispose dans un ballon non déformable (2 185 mL) une quantité X de dihydrogène (H_2) à la pression atmosphérique à la température de 0 °C. On porte ce ballon jusqu'à la température de 273 °C.(37.1)

A. la nouvelle pression est de 100 kPa	☐	☐
B. la nouvelle pression est 200 kPa	☐	☑
C. la quantité de dihydrogène est d'environ 0,1 mole	☐	☑
D. la nouvelle pression de 2,5 atmosphères	☐	☐
E. la quantité de dihydrogène est supérieure à 0,2 mole	☐	☐

37.1. La transformation étant à volume constant, on peut appliquer la relation de Charles : P/T = k. Donc : $P_i/T_i = P_f/T_f$ et $P_f = T_f/T_i \times P_i = 273 \times 2/273 \times 1 = 2$ atm ou $2 \cdot 10^5$ Pa.

38. Le degré hygrométrique de l'air (H %) dans une enceinte à la température T est le rapport pression partielle de la vapeur d'eau à la pression de vapeur saturante à T. On donne Pvapsat à 27 °C = 2 000 Pa, pression atmosphérique standard au niveau de la mer, soit 1 atmosphère et H = 70[38.1]

☐[38.2] ☐ **A.** la pression de vapeur saturante est de 1 400 Pa
☐ ☐ **B.** la masse d'eau (kg) contenue dans 1 m^3 d'air vaut 10^{-6}
☐ ☐ **C.** elle vaut 10^{-4}
☑ ☐ **D.** elle vaut 10^{-2}
☐ ☐ **E.** elle vaut $5 \cdot 10^{-2}$

39. À 0 °C et à la pression atmosphérique, un mélange gazeux est constitué de 80 % (rapport molaire) de dioxygène et 20 % de gaz carbonique (CO_2). Ce mélange gazeux est mis en contact avec de l'eau à 37 °C à la même pression. Quel est le volume, en mL par litre de CO_2 dissous dans l'eau ?[39.1]
Coefficient de solubilité du CO_2 dans l'eau, à 37 °C : $4{,}9 \cdot 10^{-3}$ L de $CO_2 \cdot L^{-1}$ d'eau$\cdot kPa^{-1}$.

☐ ☐ **A.** 49,0
☐ ☐ **B.** 55,6
☐ ☐ **C.** 68,4
☑ ☐ **D.** 98,0
☐ ☐ **E.** 245,0

40. On plonge une électrode de cuivre dans 500 mL d'une solution 10^{-4} M de $CuSO_4$ qui s'ionise en SO_4^{-} et Cu^{2+}. Quel est le potentiel, en millivolt, pris par cette électrode à 27 °C ?
Potentiel norma d'une électrode de cuivre : + 340 mV.
Constante des gaz parfaits : 8,31 $J \cdot mol^{-1} \cdot K^{-1}$.

☐ ☐ **A.** 418
☐ ☐ **B.** 313
☐ ☐ **C.** 270
☑ ☐ **D.** 217
☐ ☐ **E.** 186

38.1. Application de PV = nRT avec T = 273 + 27 = 300°K. Pvap = 2 000 × 0,7 = 1 400 Pa partielle.
38.2. Elle est forcément égale à la donnée de l'énoncé, soit 2 000 Pa.
39.1. Le coefficient de solubilité du CO_2 est donné à 37 °C mais la pression partielle du CO_2 est toujours le 1/5e de la pression atmosphérique (sa proportion n'a pas changé). Selon la loi de Henry : 20 × 4,9 = 98 $mL \cdot L^{-1}$.

41. On observe un début d'hémolyse lorsque des globules rouges sont placés dans une solution de NaCl (M = 58,5) à 5 g/L.
Dans quelles solutions pareil phénomène se produira-t-il ?
Constante cryoscopique de l'eau = 1,86 °C·osmol^{-1}·L^{-1}.
Constante des gaz parfaits : 8,32 j·K^{-1}·mol^{-1}.

A. solution d'urée (M = 60) à 20 g·L^{-1} ☐ ☑
B. solution de glucose (M = 180) à 45 g·L^{-1} ☐ ☐
C. solution ionique à 150 mEq·L^{-1} de Na^+ ☐ ☐
D. solution de glucose dont la pression osmotique développée est de 4,36·10^5 Pa, à 0 °C ☐ ☐
E. solution dont la température de congélation est − 0,25 °C ☐ ☑

42. Quel est le coefficient de dissociation d'un acide faible en solution 10^{-2} mol·L^{-1}, de pH 6,7 ?

A. 0,5·10^{-5} ☐ ☐
B. 2,0·10^{-5} ☐ ☑
C. 1,3·10^{-6} ☐ ☐
D. 2,0·10^{-7} ☐ ☐
E. 6,7·10^{-7} ☐ ☐

43. Les liaisons intermoléculaires

A. ont, entre autres, pour conséquence le phénomène de tension superficielle ☐ ☑
B. ont des énergies exprimées par des nombres quantiques ☐ ☐
C. ont une énergie maximum lorsque les molécules sont distantes de 6 rayons de Van der Waals ☐ ☐
D. sont plus intenses entre molécules polaires qu'entre molécules non polaires ☐ ☑
E. dans l'eau, ne sont dues exclusivement qu'au moment dipolaire permanent de la molécule ☐ ☐

44. Un litre de solution contient 2,3 g de Na^+ (M = 23), 0,8 g de Ca^{2+}(M = 40) et 8,1 g d'Al^{3+}, M = 27. Sa concentration équivalente (en mEq/M) est

A. 280 ☐ ☐
B. 548 ☐ ☐
C. 612 ☐ ☐
D. 1 040 ☐ ☑
E. 1 280 ☐ ☐

45. Les liaisons intermoléculaires

☑ ☐ **A.** ont des énergies qui varient de façon continue (non discrète)
☑ ☐ **B.** représentent un équilibre dynamique entre des forces d'attraction et des forces de répulsion
☐ ☐ **C.** sont toujours présentes dans un gaz parfait
☐ ☐ **D.** correspondent à des valences bien définies entre les molécules
☑ ☐ **E.** traduisent l'existence de moments dipolaires entre les molécules

46 à 48.
Une solution tampon est réalisée en ajoutant 48 mmol de sel de sodium d'un acide faible à 18 mmol de cet acide par litre de solution. Le pK de l'acide est 6,8.

46. Quel est le pH de la solution ?[46.1]

☐ ☐ **A.** 6,4
☐ ☐ **B.** 6,8
☑ ☐ **C.** 7,4
☐ ☐ **D.** 7,8
☐ ☐ **E.** 8,3

47. À cette solution, on ajoute 9 mmoles d'HCl par litre. Quel est le nouveau pH ?[47.1]

☐ ☐ **A.** 5,83
☐ ☐ **B.** 6,42
☐ ☐ **C.** 6,85
☑ ☐ **D.** 7,07
☐ ☐ **E.** 7,54

48. Quel est le pouvoir tampon de cette solution en mmol/L par unité pH ?[48.1]

☐ ☐ **A.** 42
☑ ☐ **B.** 27
☐ ☐ **C.** 18
☐ ☐ **D.** 9
☐ ☐ **E.** 3,3

46.1. pH = pK + log [(– A)/(AH)] = 6,8 + log (48/12) = 7,402.
47.1. pH = pK + log [(– A)/(AH)] = 6,8 + log [(48 – 9)/(12 + 9)] = 7,07.
48.1. Pouvoir tampon : nombre de meq/L par unité pH = 9/(7,4 – 7,07) = 27.

49. Le candela

A. est la grandeur d'intensité lumineuse ☐ ☐
B. correspond au watt par stéradian ☐ ☑
C. n'a pas de dimensions ☐ ☐
D. est une unité photométrique ☐ ☑
E. est une unité physique ☐ ☐

50. L'électron-volt

A. est une unité de charge électrique ☐ ☐
B. est une unité de masse atomique ☐ ☐
C. est une unité d'énergie ☐ ☑
D. vaut $1{,}6 \cdot 10^{-19}$ J ☐ ☑
E. vaut $1{,}6 \cdot 10^{-19}$ kg ☐ ☐

51. Concernant l'électrocardiogramme

A. la boucle vectorielle correspondant au ventricule droit n'est pas visible sur l'ECG car masquée par le recueil de la boucle ventriculaire gauche ☐ ☐
B. la ligne iso-électrique apporte une information sur la valeur du potentiel de repos de la cellule ☐ ☐
C. la boucle vectorielle correspondant à la repolarisation ventriculaire représente l'onde T ☐ ☑
D. la ligne isoélectrique située entre l'onde P et le complexe QRS correspond au temps mis par le potentiel d'action pour parcourir les oreillettes droite et gauche ☐ ☐
E. un élargissement du complexe QRS est en rapport avec un dysfonctionnement du nœud auriculo-ventriculaire ☐ ☐

52. Concernant le recueil du signal électrocardiographique

A. la théorie du feuillet permet de représenter les boucles vectorielles liées aux ventricules ☐ ☐
B. les dérivations des membres n'apportent pas d'information topographique ☐ ☐
C. les dérivations précordiales nécessitent une électrode de référence ☐ ☑
D. la dérivation V6 apporte une information sur la paroi latérale du ventricule droit ☐ ☐
E. l'amplitude du complexe QRS mesurée avec les dérivations unipolaires des membres peut aider à mettre en évidence une hypertrophie cardiaque ☐ ☐

53. Concernant les dérivations électrocardiographiques

☐ ☐ **A.** les dérivations DII, DIII, Vr mesurent plus particulièrement les phénomènes électriques au niveau du territoire latéral
☑ ☐ **B.** les dérivations précordiales permettent de diagnostiquer des troubles de conduction auriculo-ventriculaire
☐ ☐ **C.** les dérivations des membres permettent de calculer l'axe du cœur dans le plan frontal
☐ ☐ **D.** les dérivations précordiales peuvent être bipolaires ou unipolaires
☐ ☐ **E.** les dérivations des membres donnent une représentation bidimensionnelle des boucles vectorielles du plan frontal uniquement

54 et 55.
Une résistance de 1 000 ohms et un condensateur de 10^{-5} F sont connectés en série à une FEM (E) de 100 V.

54. Quelle est la constante de temps correspondant à ce système ?[54.1]

☐ ☐ **A.** 1 s
☐ ☐ **B.** 10^{-1} s
☑ ☐ **C.** 10^{-2} s
☐ ☐ **D.** 10^{-3} s
☐ ☐ **E.** 10^{-5} s

55. Quelle est la charge finale du condensateur ?[55.1]

☐ ☐ **A.** 1 C
☐ ☐ **B.** 10^{-1} C
☐ ☐ **C.** 10^{-2} C
☑ ☐ **D.** 10^{-3} C
☐ ☐ **E.** 10^{-5} C

56. Après combien de temps la charge d'un condensateur de 10^{-4} F, débitant à travers une résistance de 100 ohms, sera-t-elle tombée à $1/e^2$ de sa valeur initiale ? (e : base des Ln)[56.1]

☐ ☐ **A.** 0,01 s
☑ ☐ **B.** 0,02 s
☐ ☐ **C.** 0,05 s
☐ ☐ **D.** 1 s
☐ ☐ **E.** 2 s

54.1. La constante de temps est le produit de la résistance par la capacité : $10^{-5} \times 1\,000 = 10^{-2}$ s.
55.1. La charge finale d'un condensateur, au bout d'un grand temps, est égale au produit de la capacité par la FEM (Q + C·E) : $100 \times 10^{-5} = 10^{-3}$ C.
56.1. La loi de la variation de la charge E, dans un système comprenant une résistance R et une capacité C, en fonction du temps t est : $E = E_0 e^{-t/RC}$.
Donc $E_x = \frac{E_0}{e^2} = E_0 e^{-T/RC}$ et $e^{-2} = e^{-T/10^{-4} \cdot 100}$.

57. Cocher les réponses justes

A. une fibre musculaire au repos est assimilable à un feuillet électrique ☐ ☑

B. le potentiel créé à une distance r d'une charge q est inversement proportionnel à r ☐ ☑

C. le potentiel créé à une distance r d'un dipôle est inversement proportionnel au carré de r ☐ ☑

D. le potentiel créé par une fibre musculaire en cours d'activation est celui d'un dipôle se déplaçant perpendiculairement à l'axe de la cellule ☐ 57.1 ☐

E. le potentiel d'un feuillet électrique peut être assimilé à celui d'un dipôle s'il est mesuré à une grande distance du feuillet ☐ ☑

58. Hypothèses d'Einthoven

A. le cœur peut-être assimilé à un dipôle unique ☐ ☑

B. l'origine du vecteur moment électrique du dipôle est mobile ☐ ☐

C. le centre électrique du cœur est situé au centre de gravité du cœur ☐ ☑

D. l'axe électrique du cœur est le vecteur résultant de la sommation des vecteurs instantanés relatifs à chacune des fibres cardiaques ☐ ☑

E. les membres – jambe gauche, bras droit, bras gauche – occupent les sommets d'un triangle équilatéral plongé dans un milieu conducteur ☐ ☑

59. Concernant l'électrocardiogramme

A. les dérivations des membres explorent le cœur dans un plan transverse ☐ 59.1 ☐

B. une dérivation unipolaire a une mesure entre deux pôles dont l'un est nul ☐ ☑

C. les dérivations précordiales sont unipolaires ☐ ☑

D. il existe trois dérivations bipolaires ☐ ☑

E. dérivation et potentiel sont synonymes ☐ 59.2 ☐

57.1. Faux : le potentiel créé par une fibre musculaire en cours d'activation est celui d'un dipôle se déplaçant parallèlement à l'axe de la cellule.

59.1. Faux : les dérivations des membres explorent le cœur dans un plan frontal.

59.2. Faux : une dérivation est la mesure de potentiel entre deux pôles.

60. Concernant l'électrocardiogramme

☐ ☐ **A.** la boucle vectorielle correspondant à l'oreillette droite peut être distinguée de la boucle auriculaire gauche car elles ne sont pas masquées par le complexe QRS

☑ ☐ **B.** la ligne iso-électrique correspond à la partie du cycle cardiaque où la cellule cardiaque est à l'état de repos électrique, c'est-à-dire ni en cours de dépolarisation, ni en cours de repolarisation

☐ ☐ **C.** la boucle vectorielle correspondant à la repolarisation auriculaire correspond à l'onde S

☐ ☐ **D.** la largeur du complexe QRS permet d'évaluer la propagation de l'impulsion électrique entre le nœud sinusal et le nœud auriculo-sinusal

☐ ☐ **E.** l'amplitude maximale du signal recueilli sur l'électrocardiogramme dépend essentiellement de l'amplitude de la boucle vectorielle

61. Le recueil du signal ECG peut être réalisé à l'aide de différentes dérivations dans le plan frontal (dans la représentation de Bailey, les traits pointillés représentant les dérivations, le trait plein représentant une boucle vectorielle ventriculaire dont la rotation se fait dans le sens anti-horaire avec pour origine 0)

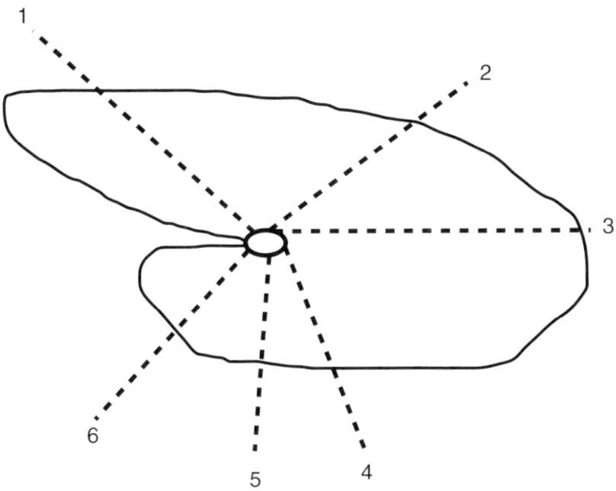

☐ ☐ **A.** la dérivation 1 correspond à DI

☑ ☐ **B.** la dérivation 6 correspond à la dérivation DIII

☑ ☐ **C.** le signal recueilli en dérivation 3 est de la forme « complexe qRS »

☐ ☐ **D.** le signal recueilli en dérivation 3 est de la forme « complexe QRs »

☐ ☐ **E.** les dérivations 4, 5 et 6 sont obtenues en connectant une électrode à un groupe d'électrodes

62. Concernant les dérivations électrocardiographies

A. les dérivations des membres sont les seules qui permettent de mesurer les troubles de conduction entre oreillettes et ventricules ☐ ☐

B. les dérivations précordiales permettent de diagnostiquer des troubles de conduction au niveau du faisceau de His et de Purkinje ☐ ☑

C. les dérivations des membres permettent de calculer l'axe du cœur dans le plan frontal ☐ ☑

D. les dérivations des membres peuvent être bipolaires ou unipolaires ☐ ☑

E. les dérivations des membres donnent une représentation bidimensionnelle des boucles vectorielles du plan frontal uniquement ☐ ☑

63. La formule donnant la cinétique de charge d'un condensateur C en série avec une résistance R et un générateur de tension E_0 est

A. $E(t) = E_0 \cdot e^{+\ RC \cdot t}$ ☐ ☐

B. $E(t) = E_0\ (1 - e^{+\ t/(RC)})$ ☐ ☐

C. $E(t) = E_0\ (1 - e^{-\ t/(RC)})$ ☐ ☑

D. $E(t) = E_0 \cdot e^{-\ t/(RC)}$ ☐ ☐

E. $E(t) = E_0 \cdot e^{+\ t/(RC)}$ ☐ ☐

2.
Les rayonnements

64. Les ondes

A. lors de sa propagation, une perturbation mécanique transporte de l'énergie ☐ 64.1 ☑
B. si la source de la perturbation est très éloignée, on peut considérer la surface d'onde comme plane ☐ ☑
C. la vitesse de propagation de l'onde ne dépend pas de la source de l'onde ☐ 64.2 ☑
D. une onde mécanique n'a pas toujours besoin d'un support matériel pour se propager ☐ 64.3 ☐
E. une onde électromagnétique ne se propage que dans le vide ☐ 64.4 ☐

65. Les ondes

A. une onde acoustique est une onde longitudinale ☐ ☑
B. une onde électromagnétique est une onde transverse ☐ ☑
C. une onde ne transporte pas de matière ☐ ☑
D. toutes les ondes électromagnétiques sont linéairement polarisées ☐ 65.1 ☐
E. l'équation d'une onde est toujours une sinusoïde ☐ 65.2 ☐

66. Le champ électrique d'une onde électromagnétique se propageant dans le vide a l'expression suivante : $\vec{E} = Eo\cos(\omega t + kx)\vec{u}_z$ avec $\omega = 3,14 \cdot 10^8 rad \cdot s^{-1}$

A. il s'agit d'one onde progressive ☐ 66.1 ☐
B. la fréquence de l'onde est 10^8 Hz ☐ 66.2 ☐
C. la longueur est 6 m ☐ 66.3 ☑
D. le champ magnétique est orienté suivant $\vec{u}_x$ ☐ 66.4 ☐
E. l'amplitude du champ magnétique est $Bo = Eo/c$ ☐ ☑

67. Fréquence et énergie d'une onde électromagnétique
Une onde électromagnétique a pour longueur d'onde 300 nm dans le vide. Les ordres de grandeur de la fréquence en Hz et de l'énergie en eV de cette onde sont respectivement

A. 10^{17} et $7 \cdot 10^{-19}$ ☐ ☐
B. 10^{15} et 40 ☐ ☐
C. 10^{15} et 4 ☐ 67.1 ☑
D. 10^{13} et 0,4 ☐ ☐
E. 10^{13} et $3 \cdot 10^{-3}$ ☐ ☐

64.1 L'oscillation de la matière est propagée (l'énergie est transmise), mais pas la matière elle-même.
64.2 Elle dépend uniquement du milieu de propagation.
64.3 C'est indispensable.
64.4 Il faut simplement que le milieu soit transparent.
65.1 Des ondes électromagnétiques sont polarisées elliptiquement.
65.2 Une onde est une grandeur qui se propage, donc pas forcément périodique et encore moins sinusoïdale.
66.1 Les signes des termes kx et de wt sont égaux, donc il s'agit d'une onde régressive.
66.2 $f = w/2p_i = 0,5 \cdot 10^8$ Hz.
66.3 $\lambda = V/f = 3 \cdot 10^8 / 0,5 \cdot 10^8 = 6$ m.
66.4 B est orienté suivant uy car (k,E,B) forme un trièdre direct.
67.1 $\nu = c/\lambda = 3 \cdot 10^8 / 300 \cdot 10^{-9} = 10^{15}$ Hz et E(eV) # 12 400/λ (Å) = 12 400/3 000 # 4 eV.

68. Onde électromagnétique dans la matière – optique géométrique
Une onde électromagnétique passe de l'air (milieu 1) à un milieu 2 transparent d'indice $n \neq 1$. Les angles sont donnés par rapport à la normale à la surface de séparation[68.1]

☐ ☐ **A.** la longueur d'onde est alors multipliée par n
☑ ☐ **B.** la pulsation est inchangée
☑ ☐ **C.** la vitesse de propagation est divisée par n
☑ ☐ **D.** le sinus de l'angle indiquant la direction de propagation sera divisé par n
☑ ☐ **E.** le coefficient de réflexion sera donné par $[(n-1)/(n+1)]^2$

69. Dualité onde-corpuscule

☑ 69.1 ☐ **A.** l'énergie d'un « grain de lumière » (photon) peut être donnée par le produit $\hbar\omega$
☑ 69.2 ☐ **B.** la quantité de mouvement d'un « grain de lumière » (photon) peut être donnée par le produit $\hbar k$
☐ 69.3 ☐ **C.** la longueur d'onde d'une particule de masse non nulle est proportionnelle à sa vitesse
☐ 69.4 ☐ **D.** on ne peut pas associer une longueur d'onde à toutes les particules
☐ 69.5 ☐ **E.** il est possible de mesurer simultanément de manière précise la vitesse et la position d'une particule microscopique

70 et 71.
Effet Doppler
Un solide S se déplace sur un rail rectiligne horizontal en émettant des signaux sonores. Deux microphones immobiles reliés à deux oscilloscopes enregistrent les ondes reçues en deux points M'($x = 0$) et M(x = 70 m) situés de part et d'autre de S. La vitesse de propagation du son sera considérée égale à $v_{son} = 350\ \text{m·s}^{-1}$.

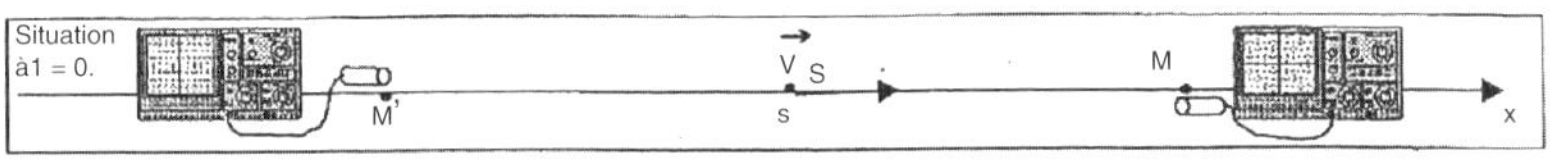

Le solide est animé d'un mouvement uniforme $V_S = 35\ \text{m·s}^{-1}$. À $t = 0$ ($x_S = 35$ m), un signal sonore est émis. Le solide émet régulièrement 10 bips par seconde. La durée de chaque bip est négligeable devant la période d'émission.

68.1 En passant d'un milieu d'indice 1 à n, les longueurs d'onde et vitesse de propagation, qui ne dépendent que du milieu de propagation, sont divisées par n. La pulsation ne dépendant que de la source, elle reste inchangée. De plus la relation de Descartes nous donne $n_1 \cdot \sin\theta_1 = n_2 \cdot \sin\theta_2$, soit ici $\sin\theta_1 = n \cdot \sin\theta_2$. On a donc bien $\sin\theta_2 = \sin\theta_1 / n$.

69.1 $E = h\nu = 2\pi\hbar \times \omega/2\pi = \hbar\omega$.

69.2 $p = h/\lambda = 2\pi\hbar/\lambda = \hbar k$.

69.3 $\lambda = h/p = h/mv$.

69.4 Faux même si l'effet physique de l'onde associée est négligeable (dualité onde-corpuscule).

69.5 C'est contraire au principe d'incertitude de Heisenberg.

70. Les temps t_1 et t_1', en ms, où le premier bip émis par S sera entendu respectivement par M et M′ sont respectivement

A. 50 et 100 ☐ ☐
B. 50 et 50 ☐ ☐
C. 100 et 120 ☐ ☐
D. 120 et 120 ☐ ☐
E. 100 et 100 ☐ 70.1 ☑

71. L'abscisse du point S lors de l'émission du second bip, ainsi que les temps t_2 et t_2', en ms, où le second bip sera entendu respectivement par M et M′ sont respectivement

A. 3,5 ; 150 ; 250 ☐ ☐
B. 3,5 ; 190 ; 210 ☐ 71.1 ☑
C. 3,5 ; 110 ; 290 ☐ ☐
D. 5 ; 140 ; 260 ☐ ☐
E. 5 ; 160 ; 170 ☐ ☐

72. Un émetteur et un récepteur d'ultrasons (US) sont fixés sur deux couvercles vissés aux deux extrémités d'un tube étanche rempli d'un liquide inconnu. La distance "émetteur-récepteur" vaut $d = 80$ cm. On visualise à l'aide d'un oscilloscope les tensions émises et reçues, comme le montre la figure suivante :

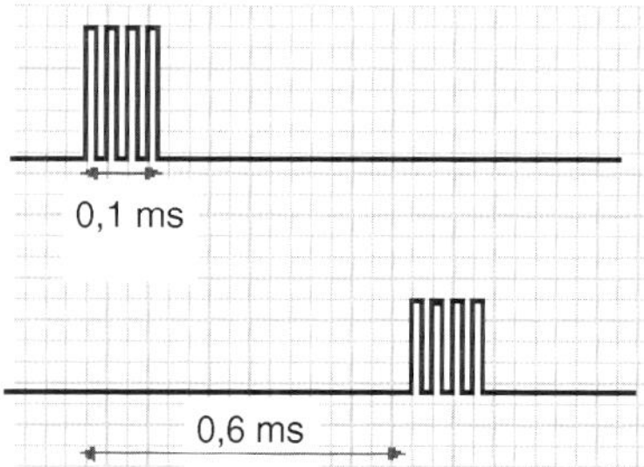

70.1 $t_1 = d/v_{son} = 35/350 = 0{,}1$ s $= t_1'$.
71.1 Aucune bonne réponse mais celle-ci peut être vraie : lors du second bip, 0,1 s s'est écoulée (10 bips/s). Ainsi le solide S a progressé de $\Delta x = 35 \times 0{,}1 = 3{,}5$ m. L'abscisse du point B devient donc $35 + 3{,}5 = 38{,}5$ m.

☑ 72.1 ☐ **A.** la période des ultrasons vaut 25 μs
☐ ☐ **B.** la fréquence des ultrasons est égale à 4 000 Hz
☐ 72.2 ☐ **C.** la vitesse de propagation des US dans ce liquide est de 1 500 ± 50 m·s^{-1}
☐ 72.3 ☐ **D.** on remplace ce liquide par de l'air. Le décalage Δt observé sera de l'ordre de 1,2 ms
☐ ☐ **E.** on remplace ce liquide par de l'air. Le décalage Δt observé sera de l'ordre de 1,8 ms

73. Soit une lentille mince sphérique en verre de vergence *D* dans l'air. On place un objet quelconque à une distance *p* (en valeur algébrique) en avant de cette lentille. On pourra calculer le grandissement de l'image par

☐ ☐ **A.** $1 - pD$
☐ ☐ **B.** $1 - D/p$
☐ ☐ **C.** $pD + 1$
☐ ☐ **D.** $1/(p - \mathrm{D})$
☑ 73.1 ☐ **E.** $1/(\mathrm{p}D + 1)$

74. Une onde sinusoïdale se propage le long d'une corde infinie (axe *Ox*). Une portion de la corde est photographiée à un instant *t (ci-dessous)*. Les points A à Q sont des points de la corde

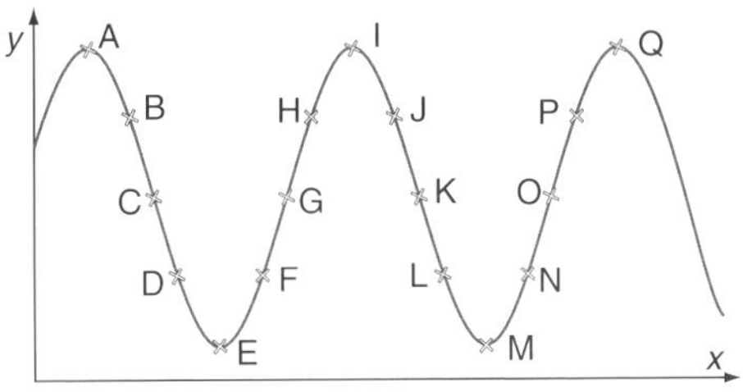

72.1 En 0,1 ms, il y a 4 périodes. Une période correspond donc à $1 \cdot 10^{-4}/4$ s = 25 μs. La fréquence est donc N = 1/T = 40 000 Hz (à 4 000 Hz ce n'est plus un US).
72.2 L'US a mis 0,6 ms pour parcourir la distance d. Donc v = $0{,}8/0{,}6 \cdot 10^{-3} = 4/3 \cdot 10^{3}$ # 1 333 m/s.
72.3 $\Delta t = d/\mathrm{v}$ # 0,8/340 = 2,35 ms.
73.1 $1/p' - 1/p = D$, donc en multipliant par *p*, on obtient $p/p' = 1 + pD$. Or $\gamma = p'/p$, soit : $\gamma = 1/(1 + pD)$.

A. la longueur AQ reste constante, quel que soit le temps t où est prise la photographie ☐ 74.1 ☑
B. le segment DL peut être utilisé pour calculer la période de l'onde ☐ 74.2 ☐
C. les points C, G, K et O oscillent en phase ☐ 74.3 ☐
D. les points J et N vibrent en opposition de phase ☐ 74.4 ☑
E. les points A et B oscillent en quadrature de phase ☐ 74.5 ☐

75. Une onde plane électromagnétique se propage dans le vide. On utilise un système cartésien *Oxyz* de vecteurs unitaires $\vec{u}_x$, $\vec{u}_y$ et $\vec{u}_z$. Le champ électrique au point $\vec{r}(x,y,z)$ à l'instant *t* est donné par (S.I.) :
$\vec{E} = E_0 \cos(\omega t - 12,6x)\vec{u}_z$

A. la direction de propagation est l'axe Oz ☐ ☐
B. à l'origine du temps et de l'espace, le champ $\vec{B}$ est opposé à $\vec{u}_y$ ☐ ☑
C. la longueur d'onde vaut environ 2 m ☐ 75.1 ☐
D. l'énergie d'un photon associé à cette onde est de l'ordre de $4 \cdot 10^{-25}$ J ☐ 75.2 ☑
E. il s'agit d'une onde de radiofréquence ☐ ☑

76. Deux engins séparés de 10 m de distance produisent des sons d'intensités différentes. Ces deux intensités deviennent identiques et égales à 60 dB si les distances respectives aux engins sont de 1 m et 2 m. Quelle est l'intensité sonore résultante, en dB SL, au milieu des deux engins si ceux-ci fonctionnent simultanément ?

A. 40 ☐ ☐
B. 43 ☐ ☐
C. 47 ☐ ☐
D. 53 ☐ 76.1 ☑
E. 57 ☐ ☐

74.1 L'onde ne transporte pas de matière. Toutes les longueurs restent constantes.
74.2 La longueur DL correspond à la longueur d'onde (période spatiale et pas temporelle).
74.3 C et G en opposition de phase (CG = DL/2 = λ/2). C et K oscillent en phase, G et O également, mais pas les 4 ensembles.
74.4 On voit facilement que I et M sont en opposition de phase, or la même distance sépare J de I que N de M.
74.5 A et C vibrent en quadrature de phase, pas A et B (AB # λ/8).
75.1 $\lambda = 2\pi/12,6$ # $6,3/12,6 = 0,5$ m.
75.2 $E = hc/\lambda$ # $6,6 \cdot 10^{-34} \times 3 \cdot 10^8/0,5 = 6,6 \cdot 10^{-34} \times 6 \cdot 10^8 = 3,96 \cdot 10^{-25}$ J.
76.1 60 dB correspondent à une puissance surfacique moyenne absolue de 10^{-6} W/m^2. À 5 mètres de chaque engin, ces puissances deviennent : $P_1 = 10^{-6}/25 = 4 \cdot 10^{-8}$ W/m^2 et $P_2 = 10^{-6} \times 4/25 = 16 \cdot 10^{-8}$ W/m^2. La somme des deux nous donne donc : $P = 2 \cdot 10^{-7}$ W/m^2, soit $I = 10 \log 2 + 10 \log (10^{-7}/10^{-12}) = 3 + 50 = 53$ dB.

77. La puissance surfacique moyenne émise par une moto est de 10^{-3} W/m^2 à 100 m

☐ 77.1 ☐ **A.** le niveau d'intensité sonore est de 100 dB à 100 m

☐ 77.2 ☐ **B.** lorsque deux motos sont à 100 m, le niveau d'intensité sonore est de 180 dB

☑ 77.3 ☐ **C.** le niveau d'intensité sonore est de 110 dB à 10 m

☑ 77.4 ☐ **D.** le seuil de douleur est dépassé lorsque la moto se trouve à 3 m

☐ 77.5 ☐ **E.** supposant aucune absorption dans l'air, le son de la moto n'est plus perceptible au-delà de 5 km

78 et 79.

On considère l'interface entre deux milieux d'impédance respective Z1 et Z2. Une onde acoustique se propage dans le milieu 1 suivant une normale à l'interface. Le rapport $Z_1/Z_2 = 0,5$.

78. Le rapport des amplitudes des ondes $A_{réfléchi}/A_{incident}$ et le rapport des puissances surfaciques $W_{transmise}/W_{incidente}$ sont respectivement de l'ordre de

☐ ☐ **A.** 1 et 2/9

☐ ☐ **B.** 1/3 et 2/9

☑ 78.1 ☐ **C.** 1/3 et 8/9

☐ ☐ **D.** 1/4 et 8/9

☐ ☐ **E.** 3/2 et 4/3

79. Le rapport des pressions acoustiques $P_{transmise}/P_{incidente}$ est de l'ordre de

☐ ☐ **A.** 1/3

☐ ☐ **B.** 2/3

☑ 79.1 ☐ **C.** 4/3

☐ ☐ **D.** 1/9

☐ ☐ **E.** 2/9

77.1 $S = 10 \log(10^{-3}/10^{-12}) = 90$ dB.

77.2 $S = 10 \log(2 \times 10^{-3}/10^{-12}) = 90$ dB + $10 \log 2 = 93$ dB.

77.3 $I_2/I_1 = (d_1/d_2)^2$; $I_2 = 10^{-3}(100/10)^2 = 10^{-1}$; $S = 110$ dB.

77.4 Seuil de douleur $I_3 = 1$ W/m^2 => $d_3 = d_1 \sqrt{I_1/I_3}$ # 3,1 m

77.5 Seuil de perception $I_4 = 10^{-12}$ W/m^2 => $d_4 = d_1 \sqrt{I_1/I_4}$ # 3,1 km

78.1 $A_{réfléchi}/A_{ncident} = (Z_1 - Z_2)/(Z_1 + Z_2) = 1/3$ et $W_{transmise}/W_{incidente} = 4Z_1Z_2/(Z_1+Z_2)^2 = 8/9$.

79.1 $W = P^2/2Z$ donc $W_{transmise}/W_{incidente} = P_{transmise}{}^2/P_{incidente}{}^2 \times Z_1/Z_2$. Ce qui donne $P_{transmise}/P_{incidente} = 4/3$.

80. On construit des rayons lumineux pour une lentille divergente. Indiquer les constructions exactes[80.1]

A.
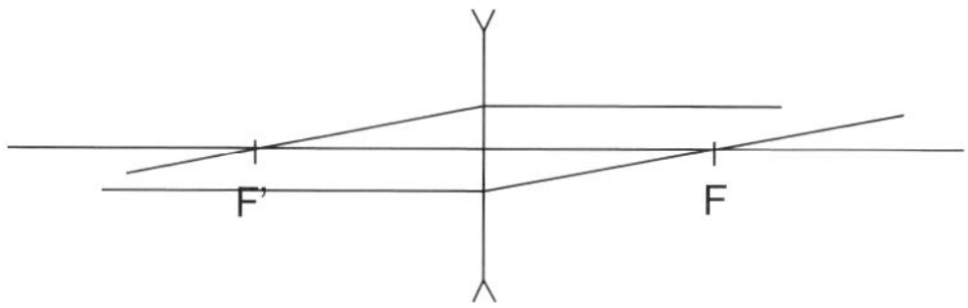

☐ ☐

B.
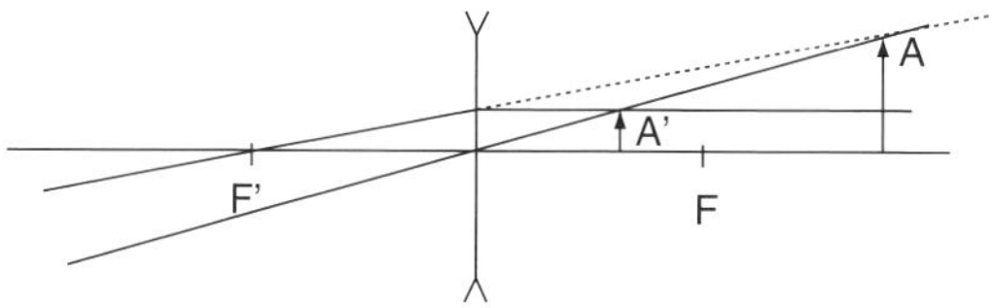

☐ ☐

C.
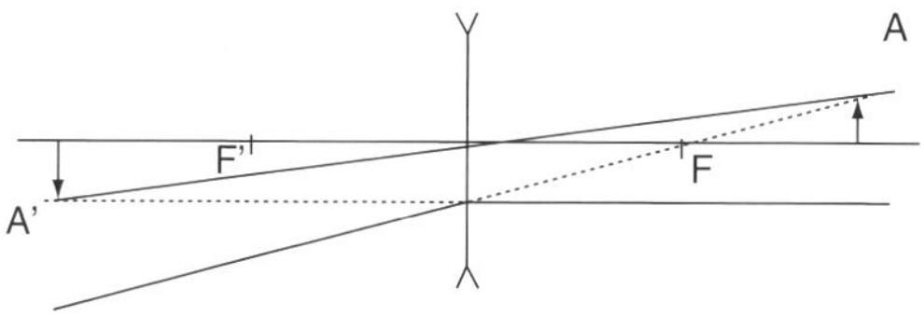

☐ ☑

D.
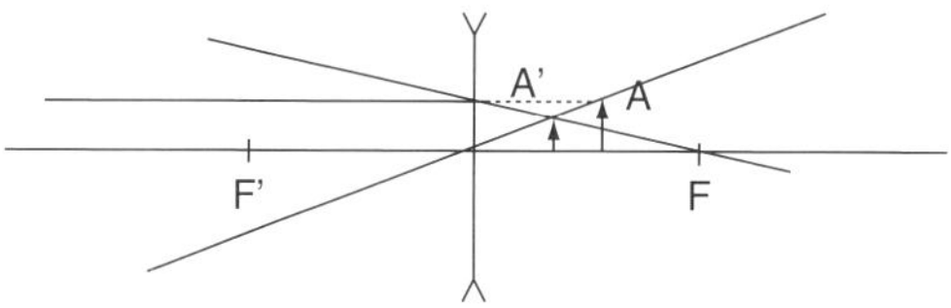

☐ ☐

E.
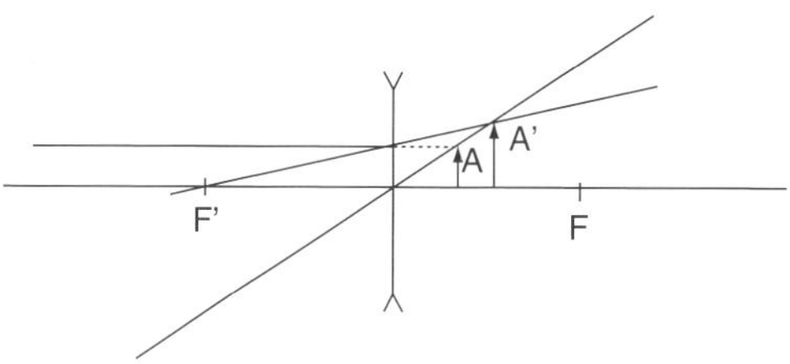

☐ ☑

80.1 Les rayons entrant passant par le foyer objet F doivent ressortir parallèles à l'axe optique et ceux entrant parallèles à l'axe optique ressortent en passant par le foyer image F'.

81. Les vibrations d'une source périodique f = 100 Hz se propagent le long d'une corde élastique, à partir de son extrémité S, prise comme origine, avec la célérité $v = 8{,}0\ m \cdot s^{-1}$

- ☐ 81.1 ☐ **A.** la longueur d'onde de l'onde qui se propage le long de la corde vaut $40 \cdot 10^{-1}$ m
- ☑ ☐ **B.** la longueur d'onde de l'onde qui se propage le long de la corde vaut $8 \cdot 10^{-2}$ m
- ☑ 81.2 ☐ **C.** les points A = 16 cm et S sont en phase
- ☐ 81.3 ☐ **D.** les points B = 40 cm et S sont en opposition de phase 9
- ☑ ☐ **E.** les points C = 32 cm et A = 16 cm sont en phase

82. Séries, intégrale et transformée de Fourier

- ☑ ☐ **A.** le spectre fréquentiel d'un son complexe périodique est obligatoirement constitué de la fréquence fondamentale et d'une ou plusieurs harmoniques
- ☑ ☐ **B.** la fondamentale a, par définition, la fréquence la plus basse
- ☑ ☐ **C.** le spectre de Fourier est une représentation de l'amplitude de chaque composante harmonique présente dans le signal complexe analysé
- ☑ ☐ **D.** un signal transitoire peut être représenté par son intégrale de Fourier
- ☐ 82.1 ☐ **E.** un bruit à bande étroite se caractérise par un spectre de fréquence plat

83. Onde électromagnétique plane progressive dans le vide

- ☑ ☐ **A.** elle est la propagation de deux champs vibrant perpendiculairement l'un par rapport à l'autre
- ☑ ☐ **B.** une fois émise, l'existence de l'onde ne dépend plus des charges et courants qui l'ont fait naître
- ☐ 83.1 ☐ **C.** l'amplitude de l'onde s'atténue en $1/d^2$ (où d est la distance à la source)
- ☑ ☐ **D.** le module du champ est c fois plus grand que celui du champ magnétique
- ☑ ☐ **E.** la dépendance spatiale est harmonique, elle est caractérisée par un nombre d'onde k

81.1 $\lambda = v/f = 8/100 = 0{,}08\ m = 8 \cdot 10^{-2}$ m.

81.2 A et S sont distants de 2 longueurs d'onde ; ils sont donc en phase.

81.3 B et S sont distants de 5 longueurs d'onde ; ils vibrent en phase.

82.1 Un son complexe résulte de l'association de plusieurs ondes acoustiques de fréquences, de phases et d'amplitudes différentes. Les sons complexes périodiques peuvent être représentés par une somme de fonctions sinusoïdales de fréquences multiples d'une fréquence dite fondamentale. Les sons complexes non périodiques sont des bruits. Le spectre de fréquences ou spectre fréquentiel est l'ensemble des fréquences que contient un son. Le son émis par un violon n'est pas un son pur mais un son complexe périodique. E est faux car c'est le contraire : il contient justement un maximum correspondant à ce spectre de bande étroite.

83.1 Dans le vide, une onde plane progressive ne s'atténue pas.

84. Système harmonique, oscillations forcées, amortissement et résonance

A. un mouvement harmonique simple est décrit par une fonction sinusoïdale du temps et de l'espace ☐ ☐

B. un oscillateur peut transmettre le plus efficacement son énergie à un autre système oscillant quand il oscille à sa fréquence propre ☐ ☐

C. dans un système d'oscillations forcées avec amortissement, pour une valeur élevée du coefficient d'amortissement, le mouvement devient apériodique ☐ ☑

D. le mouvement apériodique se caractérise par une diminution linéaire de l'amplitude des oscillations qui a pour pente le coefficient d'amortissement γ ☐ ☐

E. dans le cas d'un système récepteur avec amortissement, la pulsation forcée pour laquelle on observe le transfert d'énergie maximal est toujours plus faible que la fréquence propre du système ☐ ☑

85 à 86.

Une lentille biconvexe convergente L en verre d'indice n_2 est limitée par deux dioptres sphériques, notés 1 et 2, de centre C_1 et C_2 et dont les rayons respectifs R_1 et R_2 ont même valeur absolue : $R = |R_1| = |R_2|$. La lentille est un élément d'une paroi séparant deux compartiments, l'un rempli d'eau d'indice n_1 et l'autre contenant de l'air d'indice n_3. Un objet réel A_1B_1, de longueur 10 mm, est placé dans l'eau, à 20 cm du sommet optique S de la lentille. Les conditions de Gauss sont respectées.

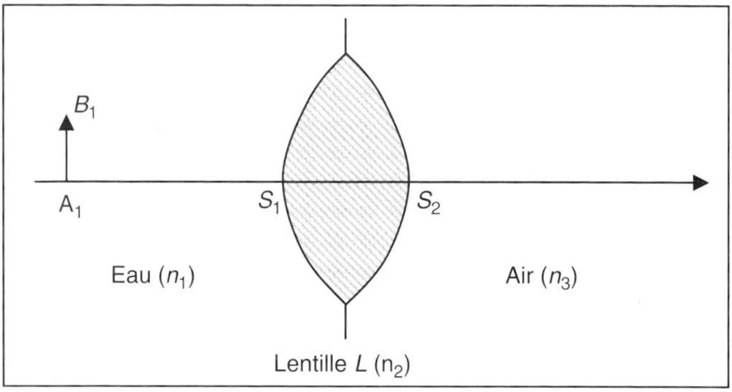

85. Pour cette lentille

A. dans la RC dite de Descartes, les origines sont au sommet des dioptres ☐ ☑

B. la proximité d'un point est l'inverse de sa distance sur l'axe et donc en m^{-1} ☐ ☑

C. pour le dioptre 1 de sommet S_1 entre les points conjugués A_1 et A_2 sur l'axe, la RC s'écrit $(n_3 - n_1)/R$ ☐ ☐

D. soit L mince. Si f' est la distance focale Image, la RC entre A_1 et A_3 vaut n_3/f' ☐ ☐

E. soit L mince Si f' est la distance focale Image, la RC entre A_1 et A_3 vaut $(n_3 - n_1)/f'$ ☐ ☐

86. On donne $n_1 = 1{,}2$; $n_2 = 1{,}6$; $n_3 = 1{,}0$ et $R = 0{,}60$ m.

☐ ☐ **A.** la distance focale Objet f de L vaut 60 cm
☐ ☐ **B.** la distance focale Objet f de L vaut 48 cm
☐ ☐ **C.** la distance focale Image f' de L vaut – 72 cm
☐ ☐ **D.** la distance focale Image f' de L vaut – 58 cm
☑ ☐ **E.** la position p' de l'image A_3B_3 vaut – 23 cm

87. Grandissement et taille des images dans ces conditions pour L

☑ ☐ **A.** le grandissement se définit comme la mesure algébrique de l'image divisée par celle de l'objet
☑ ☐ **B.** le grandissement vaut environ 1,2
☐ ☐ **C.** le grandissement vaut environ 2,4
☑ ☐ **D.** la taille de l'image A_3B_3 vaut environ 1,2 cm
☐ ☐ **E.** la taille de l'image A_3B_3 vaut environ 2,4 cm

88. La lumière se propage dans une fibre optique par réflexion totale. Calculez la différence d'angle maximum d'incidence (1/2 angle au sommet du cône d'ouverture) de la lumière à l'entrée pour qu'il y ait propagation pour une fibre d'indice $n_1 = 1{,}60$ entourée d'une gaine en verre d'indice $n_2 = 1{,}52$ selon que la face d'entrée dans la fibre est dans l'air ($n_0 = 1$) par référence à ce qu'elle serait si la face d'entrée était dans l'eau ($n_0 = 1{,}30$)s

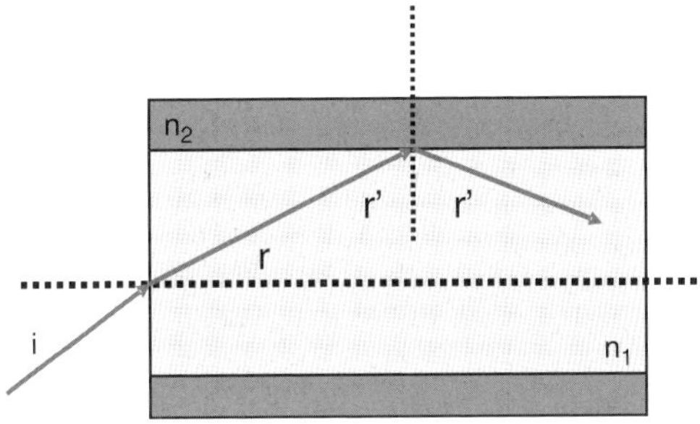

☐ ☐ **A.** + 2°
☑ ☐ **B.** + 7°
☐ ☐ **C.** – 7°
☐ ☐ **D.** + 14°
☐ ☐ **E.** +33°

QCM

89. La fluorescence

A. est l'émission d'une onde électromagnétique quand une molécule transite depuis son niveau électronique fondamental vers un niveau excité ☐ [89.1] ☐
B. est dans le spectre visible pour une transition entre niveaux électroniques ☐ [89.2] ☐
C. pour exister, une absorption d'une onde électromagnétique préalable est indispensable ☐ ☐
D. peut être d'une énergie supérieure à celle qui a permis le passage vers le niveau excité ☐ [89.3] ☐
E. est en général accompagnée par des émissions non radiantes ☐ ☑

90. RMN et relaxation

A. la relaxation longitudinale correspond au retour de l'aimantation le long de l'axe perpendiculaire au champ magnétique principal ☐ [90.1] ☐
B. la relaxation transversale est liée au phénomène de déphasage des spins ☐ ☑
C. on utilise la technique de l'écho de spin pour compenser les inhomogénéités de B_0 ☐ ☑
D. pour mesurer la relaxation longitudinale, entre deux mesures, il faut attendre un quasi retour à l'équilibre complet ☐ ☑
E. la relaxation longitudinale est liée à l'interaction des spins entre eux ☐ [90.2] ☐

91. Spectre d'absorption IR

On donne le spectre infrarouge d'une molécule inconnue[91.1] :

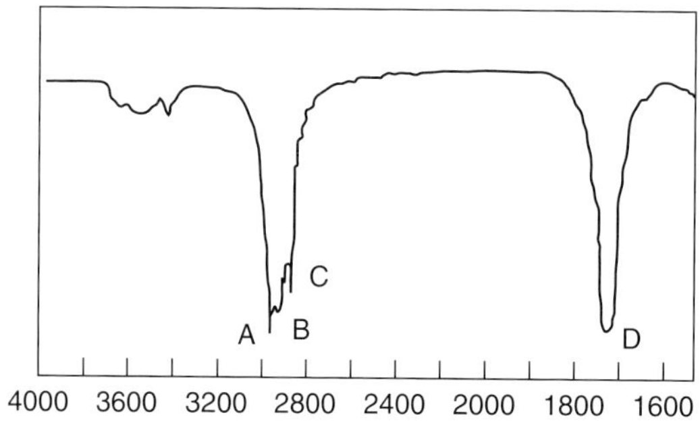

89.1. Faux : c'est le passage du niveau excité vers un niveau plus bas (électronique).
89.2. Faux : la spectroscopie UV correspond également à ce type de transition.
89.3. Faux : elle est forcément inférieure ou égale.
90.1. Faux : il s'agit du retour **sur** l'axe des z.
90.2. Faux : il s'agit de l'interaction spin-réseau.
91.1. Seul le pentan-2-one peut correspondre (il s'agit de son spectre d'absorption). En effet, la bande d'absorption intense aux environs de 1 730 cm^{-1} (pic D) est très évocatrice du groupement C=O (ici une cétone), et donc C est faux (pas de double liaison CO pour le propane, en tous cas rien ne pourrait correspondre au pic D). Le pic A-B correspond à une liaison C_{sp3}-H typique. Le butanol (ici butan-1-ol) et l'éthanol sont également très vite éliminés (A et D faux) : visiblement pas de bande d'absorption intense entre 3 200 et 3 600 cm^{-1} typique de la fonction alcool. Rien ne correspond non plus au pic D pour ces deux molécules. Enfin le formol est également éliminé (E faux) car le spectre est ne montre pas de liaison type C_{sp2}-H, et la molécule ne possède pas de liaison C_{sp3}-H.

On donne les nombres d'onde de vibrations (élongations), en cm^{-1}, pour les liaisons suivantes :

(C_{sp3}–H) : 2 850-2 950 (bande assez intense).
(C_{sp2}–H) : 3 000-3 100 (bande assez intense).
(C=C) : 1 640-1 680 (bande assez faible).
(C≡C) : 2 100-2 250 (bande variable).
(O-H) : 3 200-3 600 (bande intense et large).
(C=O) : 1 650-1 750 (bande intense).

Quelle est la seule molécule pouvant correspondre à ce spectre ?

☐ ☐ **A.** CH_3-CH_2-CH_2-CH_2OH
☑ ☐ **B.** CH_3-CO-CH_2-CH_2-CH_3
☐ ☐ **C.** CH_3-CH_2-CH_3
☐ ☐ **D.** CH_3-CH_2OH
☐ ☐ **E.** CH_2=O

92 et 93.

Soit deux expériences RMN théoriques par lesquelles on étudie la relaxation des protons d'une région d'intérêt du cerveau humain *in vivo* par :

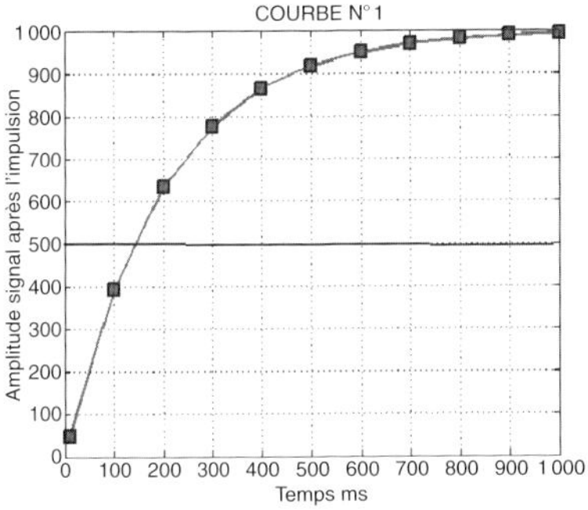

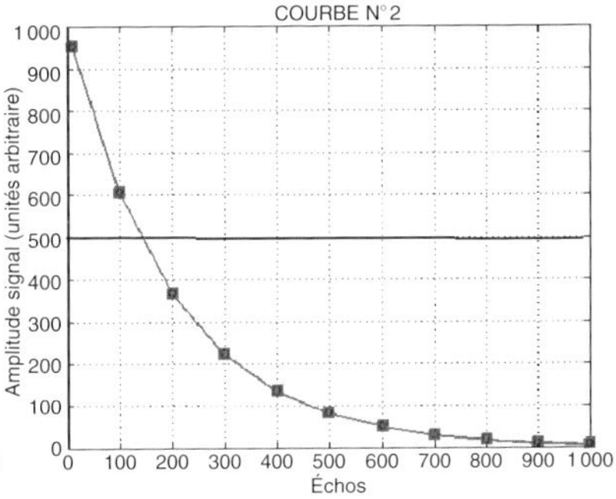

92. Spin échos (SE) : soit une séquence de 1 000 spin échos (SE) séparés de 0,2 ms (figure n °2)

☐ ☐ **A.** on peut mesurer le temps de relaxation transversal ou longitudinal selon l'axe du champ de RF utilisé
☑ ☐ **B.** la courbe est typique d'une relaxation transversale
☐ 92.1 ☐ **C.** cette séquence SE s'écrit (en ms) 90°x' – (0,2 – 180°y' – 0,2 – Acq.)
☐ 92.2 ☐ **D.** T_2 vaut entre 100 et 130 ms
☐ 92.3 ☐ **E.** la relaxation transversale est fortement dépendante du champ magnétique principal

92.1. Faux : τ vaut 0,1 ms (c'est le TE qui vaut 0,2 ms).
92.2. Faux : la valeur immédiatement lisible sans calculs est de 200 échos = 40 ms (valeur de l'amplitude de l'écho à 1/e, soit ici à 370 → t = 200 échos.
92.3. Faux : les interactions spin-spin sont, contrairement aux interactions spin-réseau, très peu dépendantes du champ B_0.

93. Temps T_1 : plusieurs acquisitions sont espacées de 10 s chacune (= TR, ici > $5T_1$). Pour chacune on mesure l'amplitude du signal d'induction libre (précession libre) après un délai variable (figure n °1)

A. la courbe est un tracé typique d'une mesure de relaxation longitudinale ☐ ☑

B. la séquence utilisée s'écrit (en ms) : (180°x' – ti – 90°x' – Acq. – 10 000)[11] ☐ 93.1☐

C. le temps de relaxation mesuré vaut entre 100 et 130 ms ☐ 93.2☐

D. dans la séquence T_1, l'impulsion RF de lecture est à la fréquence de Larmor ☐ ☑

E. le temps de relaxation T_1 est toujours inférieur au temps de relaxation T_2 ☐ 93.3☐

94. RMN du proton ^1H

A. la RMN du proton a peu d'applications médicales mais reste un très bon exemple pédagogique du fait des caractéristiques du noyau d'hydrogène et de ses applications en chimie ☐ ☐

B. la RMN du proton permet de dénombrer des protons présents dans un échantillon ☐ ☑

C. le temps de relaxation transversal apparent porte ce nom parce qu'il est indépendant des propriétés du milieu exploré ☐ 94.1☐

D. les spins nucléaires s'orientent dans le champ magnétique principal uniquement sous l'influence de l'onde de radio-fréquence à la fréquence de Larmor ☐ 94.2☐

E. le temps de relaxation longitudinal correspond approximativement au temps de retour de l'aimantation macroscopique de l'échantillon à sa valeur de repos après une impulsion de 180° sur x' ☐ 94.3☐

93.1. Faux : une séquence de saturation-récupération comprend une 90° sur x' et non pas une 180° (inversion).

93.2. Faux : $M_z(T_1) = M_0(1 - 0{,}37) = 0{,}63\ M_0$ soit ici l'abscisse de 630, c'est-à-dire 200 ms.

93.3. Faux : on a toujours $T_1 \geq T_2$.

94.1. Si le temps de relaxation apparent est en grande partie lié aux inhomogénéités de champ, il comprend également les phénomènes de relaxation transversale vraie : on l'exprime plus formellement par : $1/T_{2^*} = 1/T_{2\ \text{vrai}} + 1/T_{2\ \text{inhomogénéité de champ}}$. L'erreur est fréquente car la présentation classique de la RMN veut que l'on traite la relaxation apparente d'abord en insistant sur les déphasages dus à l'inhomogénéité de B_0 puis la relaxation $T_{2\ \text{vrai}}$ qui est effectivement étudiée quand on s'est affranchi des inhomogénéités par des impulsions refocalisantes.

94.2. Faux : ils s'orientent en présence du champ magnétique principal (pas besoin de RF).

94.3. Faux : le temps de relaxation T_1 est une constante de temps. Après T_1, on n'arrive qu'à $(1 - 2 \cdot e^{-1})$ = 26 % de sa valeur de repos.

95. La spectroscopie moléculaire

☑ ☐ **A.** repose sur l'absorption ou l'émission de radiations électromagnétiques par les molécules d'une solution d'intérêt

☐ ☐ **B.** est possible du fait de l'existence de niveaux d'énergie nucléaire des atomes constituant les molécules

☑ ☐ **C.** la répartition des populations sur les niveaux permis est régie par la loi de Boltzmann

☐ ☐ **D.** en spectroscopie infra-rouge, le mécanisme est une transition électronique

☐ ☐ **E.** dans une molécule, les niveaux d'énergie rotationnels sont régulièrement espacés

96. La résonance magnétique nucléaire (RMN du proton ^1H)

☐ ☐ **A.** se caractérise par un grand écart entre les deux niveaux d'énergie

☑ ☐ **B.** ce ΔE explique que le système, après une perturbation, relaxe spontanément très lentement dans le vide

☐ ☐ **C.** les spins $-$ 1/2 et $+$ 1/2 occupent respectivement le niveau d'énergie inférieur et supérieur

☐ [96.1] ☐ **D.** si le rapport gyromagnétique γ' valait 80 $rad{\cdot}s^{-1}{\cdot}T^{-1}$ et le champ B_0 2T, la fréquence de résonance serait de 80 MHz

☑ [96.2] ☐ **E.** pour un échantillon ayant relaxé, dans les conditions de résonance en présence d'un champ B_0, on peut toujours obtenir un signal RMN d'un échantillon avec un angle de basculement inférieur à 90°x'

97. On place un échantillon d'un cm^3 d'eau dans un appareil RMN $B_0 = 4{,}7$ T ; après une impulsion de 90°x de 12 μs, on obtient un spectre des protons formé d'une raie d'intensité 10^4 unités arbitraires (UA) avec une largeur à mi-hauteur de 10 Hz. L'intensité moyenne du bruit est de 1 UA. Quel est le nombre de spins H qui donnera un rapport signal RMN à bruit égal à 2 ?[97.1]

☐ ☐ **A.** $0{,}67{\cdot}10^{19}$

☐ ☐ **B.** $1{,}6{\cdot}10^{17}$

☐ ☐ **C.** $2{,}6{\cdot}10^{20}$

☐ ☐ **D.** $1{,}3{\cdot}10^{19}$

☐ ☐ **E.** $2{,}6{\cdot}10^{19}$

96.1. Faux : c'est 80/6,28, soit 12,74 MHz.

96.2. On a un signal RMN dès que le vecteur M représentant l'aimantation macroscopique a une composante sur x (ou x' si on prend le référentiel tournant).

97.1. Il suffit de calculer grossièrement le nombre de protons dans un cm^3 pour un signal de 10^4 et de faire la péréquation pour un signal de 2 (rapport S/B de 2/1) : 1 $cm^3 = (2{\cdot}6{\cdot}10^{23})/18$ puisqu'il y a 18 g dans une mole d'eau et que $\rho = 1$ $kg{\cdot}m^{-3}$. On trouve $(6{,}6{\cdot}10^{22}/10^2) \times 2 = 1{,}32{\cdot}10^{21}$.

98. Interprétation d'une séquence spin échos multiples pour la mesure de la relaxation T_2. Dans cette expérience, on a détecté le signal ^1H d'une solution de $CHCl_3$ mais nous ne regardons ici que la décroissance du signal de la raie la plus intense. Les TE sont indiqués à côté des acquisitions (spectres de 0,04 à 20 s).
On donne $B_0 = 2T$.

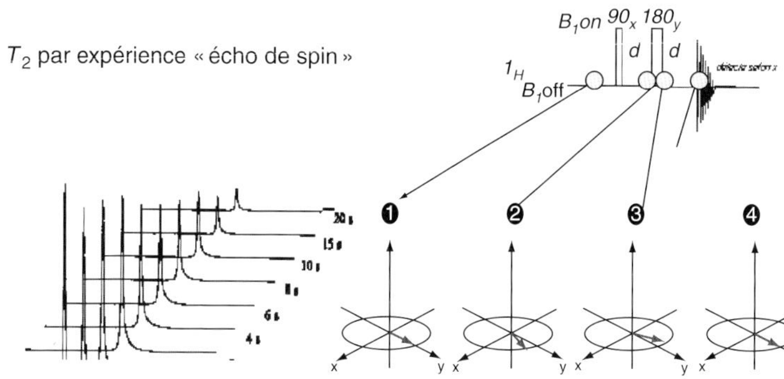

A. la solution de l'équation de Bloch pour la relaxation T_2 est $M_{xy} = M_0(1 - 2e^{-d/T^2})$ ☐ ☐
B. la solution de l'équation de Bloch pour T_2 est une exponentielle décroissante ☐ ☑
C. le temps d'écho (TE) vaut d ☐ ☐
D. la projection de l'aimantation macroscopique dans le plan transversal à d∼0 s est illustrée pour les étapes de 1 à 4 par les schémas ci-dessus correspondants ☐ ☐
E. la durée de l'impulsion RF de 90° étant de 100 µs B_1 vaut 0,3 m_T ☐ ☐

99. Les rayonnements émis directement par un radionucléide dont le noyau contient un proton excédentaire peuvent être

A. des électrons ☐ ☑
B. des photons gamma ☐ ☑
C. des photons X ☐ ☑
D. des photons de 511 keV d'annihilation ☐ 99.1 ☐
E. aucune réponse n'est juste ☐ ☐

99.1. Faux : ces photons ne sont pas émis directement par le noyau mais résultent de l'annihilation du positon émis.

100. Les photons d'annihilation résultant de désintégrations radioactives bêta^{+}

☐ ☐ **A.** ont une énergie variable selon le radionucléide impliqué
☑ ☐ **B.** sont émis dans un pourcentage variable des désintégrations, pourcentage qui dépend du radionucléide impliqué
☐ ☐ **C.** sont émis indépendamment dans des directions aléatoires
☑ ☐ **D.** sont atténués dans la matière selon une loi exponentielle décroissante en fonction de l'épaisseur de matière traversée
☐ ☐ **E.** aucune réponse n'est juste

101. La radioactivité naturelle

☐ 101.1 ☐ **A.** est principalement due à des radionucléides à période brève (< 10 ans)
☐ 101.2 ☐ **B.** se rencontre exclusivement dans certaines régions particulières du globe
☐ 101.3 ☐ **C.** est liée exclusivement aux éléments minéraux (roches, sédiments, etc.)
☐ 101.4 ☐ **D.** représente un des principaux problèmes de santé publique
☑ ☐ **E.** aucune réponse n'est juste

102. Le xénon 133 (^{133}Xe) a une période de 5,25 jours. On place une source de ^{133}Xe de 130 MBq en décroissance. Au bout d'un mois l'activité résiduelle sera voisine de

☐ ☐ **A.** 22 MBq
☐ ☐ **B.** 6 Mbq
☑ ☐ **C.** 2 MBq
☐ ☐ **D.** 0,01 MBq
☐ ☐ **E.** aucune réponse n'est juste

101.1. Faux : la radioactivité naturelle ne peut provenir que de radionucléides à période très longue ; les autres ont disparu par décroissance depuis l'origine de l'univers, et doivent être fabriqués (« radioactivité artificielle »).

101.2. Faux : le niveau de radioactivité naturelle varie selon les régions, mais aucun endroit du monde n'en est exempt.

101.3. Faux : la radioactivité naturelle comporte une part importante de rayonnements cosmiques.

101.4. Faux : ce n'est absolument pas un problème de santé publique, puisque la vie est apparue et se maintient en dépit de l'irradiation naturelle. Par contre, elle appartient également au domaine d'application de la radioprotection (*cf.* surveillance du radon).

103. On indique ci après le schéma de désintégration du chrome 51

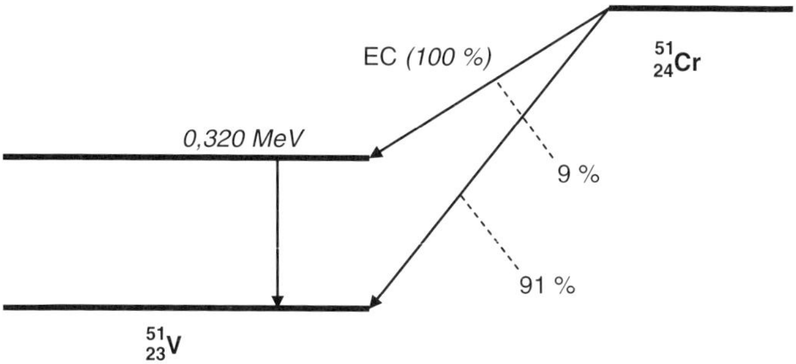

D'après ce schéma on peut conclure que

A. le chrome 51 décroît par émission bêta^{+} ☐ ☐
B. le chrome 51 n'émet pas d'électrons bêta ☐ ☑
C. 9 % des désintégrations vont générer une émission gamma de 320 keV ☐ ☑
D. 91 % des noyaux « fils » (^{51}V) se désexcitent par émission d'électrons Auger ☐ 103.1 ☐
E. aucune réponse n'est juste ☐ ☐

104. Lorsqu'une particule chargée, possédant une énergie cinétique élevée, interagit avec un électron du milieu, la quantité d'énergie communiquée à cet électron au cours de l'interaction dépend de

A. la vitesse de la particule incidente ☐ ☑
B. la masse de la particule incidente ☐ ☐
C. la charge de la particule incidente ☐ ☑
D. la distance d'interaction ☐ ☑
E. aucune réponse n'est juste ☐ ☐

105. Interactions des particules chargées avec la matière

A. le transfert linéique d'énergie (TEL) d'une particule chargée en mouvement dans la matière correspond exclusivement à des phénomènes d'ionisations le long de la trajectoire de cette particule ☐ 105.1 ☐
B. ce TEL diminue quand l'énergie de la particule diminue ☐ ☑
C. les phénomènes d'ionisations générés par la particule sont plus nombreux en fin de trajectoire ☐ ☑
D. pour une énergie donnée, le TEL est plus élevé pour des positons que pour des protons ☐ 105.2 ☐
E. aucune réponse n'est juste ☐ ☐

103.1. Faux : 91 % des désintégrations aboutissent à un noyau stable.
105.1. Faux : il existe aussi des transferts thermiques et des excitations.
105.2. Faux : c'est bien sûr l'inverse car, à énergie donnée, les protons ont une vitesse moindre et donc un TEL plus élevé.

106. La probabilité pour qu'un photon traversant un milieu homogène donné soit absorbé par effet photoélectrique

☐ ☐ **A.** est plus grande pour les photons d'énergies élevées
☑ ☐ **B.** est plus grande pour les photons d'énergies basses
☐ ☐ **C.** est plus grande dans les milieux de numéro atomique faible
☐ ☐ **D.** dépend très peu du milieu
☐ ☐ **E.** aucune réponse n'est juste

107. Les numéros atomiques du xénon, de l'iode et du tellure sont respectivement 54, 53 et 52. L'iode 124 décroît à 25,6 % par émission de positon (β^+) et à 74,4 % par un autre mécanisme

☐ ☐ **A.** le noyau « fils » de la transformation β^+ est du xénon 124
☑ ☐ **B.** le noyau « fils » de la transformation β^+ est du tellure 124
☑ ☐ **C.** l'autre mécanisme évoqué est la capture électronique
☑ ☐ **D.** l'autre mécanisme évoqué conduit au tellure 124
☐ ☐ **E.** aucune réponse n'est juste

108. L'iode 124 est un émetteur de positons de demi-vie (période) 4,18 jours. Seulement 25,6 % des désintégrations se font par émission β^+. La détection d'une source d'iode 124 révèle par ailleurs plusieurs émissions gamma dont la plus intense a une énergie de 602,7 keV

☑ ☐ **A.** 25,6 % des désintégrations entraînent l'émission de photons d'annihilation de 511 keV.
☐ ☐ **B.** l'intensité d'émission du gamma de 602,7 keV est forcément de 25,6 %, c'est-à-dire que 25,6 % des désintégrations entraînent l'émission de photons gamma de 602,7 keV
☐ ☐ **C.** l'intensité d'émission du gamma de 602,7 keV est nécessairement égale à 100 %
☑ ☐ **D.** l'intensité d'émission du gamma de 602,7 keV ne peut pas être précisée autrement que par l'expérience
☐ ☐ **E.** aucune réponse n'est juste

109. Soit une source radioactive constituée par un radionucléide qui se transforme par désintégration β^-

☐ ☐ **A.** une telle source n'émet jamais de rayonnement gamma
☐ ☐ **B.** une telle source au contraire, émet toujours un rayonnement gamma
☑ ☐ **C.** plusieurs énergies gamma peuvent être émises
☐ ☐ **D.** les électrons β^- ont tous la même énergie.
☐ ☐ **E.** aucune réponse n'est juste

110. L'iode 125 a une période (demi-vie) radioactive de 59,9 jours. Ceci signifie qu'une source d'iode 125 d'activité initiale 100 GBq

A. aura une activité approximativement de 50 GBq après deux mois ☐ ☑
B. aura une activité nulle (soit 0 Bq) au bout de 600 jours ☐ ☐
C. aura une activité de 19,76 GBq après 3 mois ☐ ☐
D. aura une activité de 6,25 kBq après 6 mois ☐ ☐
E. aucune réponse n'est juste ☐ ☐

111. Un sujet a été contaminé accidentellement par ingestion d'un radionucléide émetteur bêta dont la période physique (demi-vie radioactive) est de 12 jours et qui est éliminé par voie hépato-biliaire avec une demi-vie biologique de 4 jours. La période effective qu'il faut prendre en compte dans les estimations dosimétriques chez ce sujet est

A. 16 jours ☐ ☐
B. 8 jours ☐ ☐
C. 3 jours ☐ 111.1 ☑
D. Comprise entre 4 et 12 jours ☐ ☐
E. aucune réponse n'est juste ☐ ☐

112. Une particule chargée d'énergie cinétique initiale Ec épuise 100 % de cette énergie dans la matière par interactions coulombiennes, ce qui lui confère un parcours moyen dans la matière, dont la valeur

A. ne dépend pas du milieu ☐ ☑
B. dépend de l'énergie initiale Ec ☐ ☑
C. dépend de la charge de la particule ☐ ☑
D. dépend de la masse de la particule ☐ ☑
E. aucune réponse n'est juste ☐ ☐

113. On considère une cible de matière homogène, équivalente des tissus vivants, placée dans le vide et sur laquelle on projette des faisceaux de particules chargées

A. des protons de 1 MeV pénétreront plus profondément dans cette cible que des particules alpha (noyau d'hélium) de 1 MeV ☐ ☑
B. des protons de vitesse initiale V pénétreront plus profondément, en raison de leur trajectoire rectiligne dans la matière, que des électrons de même vitesse initiale ☐ ☑
C. au contraire, des électrons de vitesse initiale V pénétreront plus profondément que les protons de même vitesse, car ceux-ci ont un plus grand pouvoir de ralentissement ☐ ☐
D. la profondeur de pénétration dépend de l'énergie des rayonnements X de freinage ☐ ☐
E. aucune réponse n'est juste ☐ ☐

111.1. $1/T = 1/12 + 1/4$.

114. Interaction des photons avec la matière

☑ ☐ **A.** l'atténuation par effet Compton d'un faisceau de photons dans la matière obéit à une loi exponentielle en fonction de la distance parcourue

☐ ☐ **B.** l'effet Compton est prédominant dans les tissus biologiques pour les énergies supérieures à 511 keV

☑ ☐ **C.** le coefficient d'atténuation des photons dans les tissus biologiques dépend essentiellement de l'effet Compton

☐ ☐ **D.** il y a très peu d'atténuation (moins de 0,1 %) des photons gamma dans l'organisme pour les photons de moins de 511 keV

☐ ☐ **E.** aucune réponse n'est juste

115. Lors de la diffusion Compton, l'énergie du photon incident est transmise pour partie à un électron du milieu, et la partie restante se retrouve sous forme d'un photon diffusé

☐ ☐ **A.** l'énergie communiquée à l'électron est toujours supérieure à celle du photon diffusé

☐ ☐ **B.** l'énergie communiquée à l'électron est toujours inférieure à celle du photon diffusé

☑ ☐ **C.** l'énergie communiquée à l'électron dépend de l'énergie du photon incident

☐ ☐ **D.** l'énergie maximale communiquée à l'électron est indépendante de l'énergie du photon incident

☐ ☐ **E.** aucune réponse n'est juste

116. L'effet photoélectrique

☑ ☐ **A.** peut être considéré comme un phénomène d'absorption quasi totale du photon incident

☐ ☐ **B.** survient avec une probabilité qui augmente comme le cube de l'énergie du photon incident

☑ ☐ **C.** est beaucoup plus probable dans les milieux de numéro atomique élevé

☐ ☐ **D.** ne survient dans les tissus biologiques que pour des photons d'énergie supérieure à 50 keV

☐ ☐ **E.** aucune réponse n'est juste

117. Le Gray (Gy), unité de dose absorbée, correspond à

☐ ☐ **A.** 1 $\text{watt}\cdot\text{cm}^{-2}$

☑ ☐ **B.** 1 $\text{J}\cdot\text{kg}^{-1}$

☐ ☐ **C.** la somme des ionisations dans le volume irradié

☑ ☐ **D.** une dose significative, qui a des conséquences radiobiologiques observables

☐ ☐ **E.** aucune réponse n'est juste

118. Un sujet exposé en milieu industriel de façon accidentelle et prolongée à un faisceau de rayons X est irradié au niveau du thorax et la dose reçue calculée est de 2 Gy. On suppose maintenant qu'en fait l'irradiation (par ailleurs dans les mêmes conditions) a concerné le thorax mais aussi l'abdomen. La dose reçue dans ce cas est de l'ordre de

A. 4 Gy ☐ ☐
B. 2 Gy ☐ ☑
C. 1 Gy ☐ ☐
D. cela dépend de la taille et du poids du sujet ☐ ☐
E. aucune réponse n'est juste ☐ ☐

119. Le coefficient de pondération de 5 attribué aux protons pour calculer la dose équivalente signifie

A. qu'un Gy reçu sous forme de protons est équivalent à 5 Gy délivrés par des photons ☐ ☑
B. qu'un Gy reçu sous forme de photons est équivalent à 5 Gy délivrés par des protons ☐ ☐
C. que les protons délivrent 5 fois plus de Gy pour une même fluence énergétique ☐ ☐
D. que les effets biologiques seront plus graves et que l'estimation sur une échelle de gravité est dans un rapport de 1 à 5 entre les photons et les protons pour une même dose ☐ ☑
E. aucune réponse n'est juste ☐ ☐

120. Une source non protégée d'iode 131, d'activité élevée et considérée comme ponctuelle, se trouve dans une pièce. La couche de demi-absorption du plomb pour les rayonnements gamma de l'iode 131 est de 0,33 cm. Un sujet A se trouve à 1 m de la source, abrité derrière un écran de plomb de 0,66 cm d'épaisseur (qui couvre le corps entier) ; un sujet B se trouve à 10 m de la source, mais rien n'est interposé entre lui et la source

A. le sujet A reçoit un débit de dose plus grand que le sujet B ☐ ☑
B. le sujet B reçoit un débit de dose plus grand que le sujet A ☐ ☐
C. les deux sujets sont irradiés de la même façon ☐ ☐
D. on ne peut pas répondre à cette question si l'on ne connaît pas l'énergie des photons gamma de l'iode 131 et l'activité de la source. ☐ ☐
E. aucune réponse n'est juste ☐ ☐

121. Le gray (Gy)

☑ ☐ **A.** représente une énergie absorbée par unité de masse
☑ ☐ **B.** est égal à 1 $J{\cdot}kg^{-1}$
☐ ☐ **C.** est égal à 100 Sv
☑ ☐ **D.** est indépendant du milieu absorbant
☑ ☐ **E.** est indépendant de la qualité des radiations ionisantes

122. Le Sievert (Sv)

☑ ☐ **A.** ne peut pas être directement mesuré
☑ ☐ **B.** est l'unité internationale de dose équivalente chez l'homme
☑ ☐ **C.** est équivalent à 0,05 Gy pour un rayonnement alpha
☑ ☐ **D.** tient compte de la qualité des radiations
☑ ☐ **E.** est utilisé seulement en radioprotection

123. La dose équivalente

☐ ☐ **A.** s'exprime en gray
☐ ☐ **B.** est la dose d'irradiation absorbée par les tissus par unité de temps
☑ ☐ **C.** tient compte de la nature du rayonnement ionisant
☑ ☐ **D.** tient compte de la masse du tissu absorbant le rayonnement
☐ ☐ **E.** dépend de l'oxygénation des tissus absorbants

124. La radiosensibilité d'un tissu

☑ ☐ **A.** est, en général, d'autant plus grande que le rythme de la multiplication cellulaire est plus élevé
☐ ☐ **B.** augmente quand les cellules sont très différenciées
☐ ☐ **C.** est plus élevée pour le tissu conjonctif que pour le tissu embryonnaire
☑ ☐ **D.** augmente quand la durée de vie des cellules est très courte
☑ ☐ **E.** est augmentée sous l'effet de l'oxygénation du tissu pour des rayonnements de faible TLE

QCM

125. Mécanismes physiques d'interactions des rayonnements ionisants

A. la perte d'énergie des neutrons est essentiellement due aux interactions avec les noyaux ☐ 125.1 ☑
B. la perte d'énergie d'un neutron est maximale lors d'un choc avec un noyau de numéro atomique élevé ☐ ☐
C. pour qu'un neutron soit capté par un noyau, il faut que sa vitesse soit grande ☐ 125.2 ☐
D. les neutrons provoquent des ionisations indirectement par les noyaux de recul et les radiations émises lors de leur capture ☐ ☑
E. l'eau est plus efficace pour arrêter un flux neutronique que du plomb, à épaisseur égale ☐ ☐

126. Transfert linéique d'énergie (TLE)

A. le TLE caractérise le rayonnement ☐ ☑
B. le TLE s'identifie à l'énergie cédée par collisions à l'unité d'épaisseur d'eau traversée ☐ ☑
C. le TLE est plus important pour les rayonnements gamma que pour les alpha ☐ ☐
D. le TLE est directement proportionnel au numéro atomique des atomes du milieu absorbant ☐ ☑
E. le TLE est directement proportionnel à la vitesse des particules incidentes ☐ ☐

127. La radiosensibilité d'un tissu

A. est maximale à la phase M du cycle cellulaire ☐ ☑
B. est d'autant plus grande que ce tissu est refroidi ☐ 127.1 ☐
C. est élevée en ce qui concerne le cristallin ☐ ☑
D. est plus grande pour l'os que pour la peau ☐ ☐
E. est minimale à la fin de la phase S du cycle cellulaire ☐ ☑

128. Lésions moléculaires des rayonnements ionisants

A. les lésions sont toujours concomitantes avec le rayonnement qui les a provoquées ☐ ☐
B. la mort cellulaire est toujours la conséquence de l'apoptose ☐ ☐
C. les lésions dans l'ADN sont produites de façon aléatoire ☐ ☑
D. les lésions sur l'ADN sont spécifiques des rayonnements ionisants ☐ ☐
E. la réparation des lésions dépend du débit de la dose d'irradiation ☐ ☑

125.1. La perte d'énergie d'un neutron est maximale lors d'un choc avec une particule de masse égale à la sienne (un proton).
125.2. Un neutron sera capté par un noyau lorsque sa vitesse sera quasiment nulle (neutron thermique).
127.1. La radiosensibilité augmente avec l'hyperthermie : vasodilatation → effet oxygène.

129. Courbe de survie de cellules irradiées

☐ ☐ **A.** la dose létale moyenne est celle qui provoque la mort de la moitié des cellules
☐ ☐ **B.** plus la dose létale moyenne est élevée, plus les cellules sont radiosensibles
☑ ☐ **C.** une courbe de survie exponentielle traduit le fait qu'une cellule est tuée ou indemne
☑ ☐ **D.** l'épaulement dans une courbe de survie s'explique par l'aptitude des cellules à réparer les lésions
☐ ☐ **E.** les courbes de survie sont indépendantes du débit de dose

130. Effets pathologiques des radiations ionisantes

☑ ☐ **A.** les effets déterministes ne se manifestent qu'à partir d'une certaine dose
☐ ☐ **B.** une dose de 4 Gy en irradiation aiguë est toujours mortelle
☐ ☐ **C.** la gravité des effets est augmentée, à dose totale égale, si la dose est fractionnée dans le temps.
☐ ☐ **D.** les effets stochastiques des radiations ont des caractéristiques propres
☐ ☐ **E.** il est possible de définir avec précision une dose seuil d'irradiation en deçà de laquelle il n'existe aucun risque de cancer

131. Les bosons

☐ ☐ **A.** ont un nombre de spin demi-entier
☑ ☐ **B.** sont des particules élémentaires
☐ ☐ **C.** comprennent les quarks u
☐ ☐ **D.** comprennent les baryons
☐ ☐ **E.** transmettent uniquement les forces électromagnétiques

132. Les photons

☐ ☐ **A.** ont une masse au repos non nulle
☑ ☐ **B.** transmettent uniquement les forces électromagnétiques
☐ ☐ **C.** sont des bosons intermédiaires
☑ ☐ **D.** ont une quantité de mouvement reliée à la longueur d'onde de Broglie
☑ ☐ **E.** se déplacent dans le vide à la vitesse limite appelée célérité

133. Un rayonnement électromagnétique

☐ ☐ **A.** d'après la théorie de Maxwell, est une onde composée d'un champ magnétique et d'un champ électrique vibrants en opposition de phase
☑ ☐ **B.** se déplace dans le vide à une vitesse finie
☐ ☐ **C.** d'après la théorie quantique, a une nature corpusculaire, démontrée par les interférences
☐ ☐ **D.** est toujours ionisant
☐ ☐ **E.** est formé de leptons

134. Les électrons

A. ont une masse au repos non nulle ☐ ☑
B. confèrent à l'atome ses propriétés chimiques ☐ ☑
C. sont des leptons ☐ ☑
D. obéissent au principe d'exclusion de Pauli ☐ ☑
E. ont un spin $= -1$ ☐ ☐

135. La désexcitation non radiante

A. s'accompagne d'une émission X ☐ ☐
B. comporte la transformation d'un atome vers un atome de niveau énergétique supérieur ☐ ☐
C. s'accompagne d'une émission nucléaire d'un électron de charge positive (émission β^+) ☐ ☐
D. s'accompagne d'une émission nucléaire d'un électron de charge négative (émission β^-) ☐ ☐
E. aucune réponse n'est juste ☐ ☑

136. Le noyau atomique

A. est constitué exclusivement de fermions de deuxième génération ☐ ☐
B. est caractérisé par le nombre de protons ou le nombre de neutrons ☐ ☐
C. est géré par les forces nucléaires fortes exclusivement ☐ ☐
D. est constitué de triplets de quarks de différentes propriétés quantiques ☐ ☑
E. a une charge électrique globale neutre ☐ ☐

137. Modèles atomiques

A. le modèle de Rutherford s'appelle aussi modèle planétaire ☐ ☑
B. selon l'hypothèse de Bohr, la circonférence des orbites vaut un nom entier pair de fois la longueur d'onde de de Broglie ☐ ☑
C. d'après le modèle quantique moderne, les électrons se déplacent sur des orbitales ☐ ☑
D. Sommerfeld a modifié l'hypothèse de Bohr pour tenir compte des orbites elliptiques ☐ ☑
E. aucune réponse n'est juste ☐ ☐

138. Tous les atomes instables

A. s'appellent isotopes ☐ ☐
B. ont un noyau avec une masse inférieure à la somme des masses de ses constituants ☐ ☑
C. sont artificiels ☐ ☐
D. ont une masse supérieure à celle de l'uranium ☐ ☐
E. sont produits par un cyclotron ☐ ☐

139. Dans l'émission β^-

☐ ☐ **A.** le noyau est trop riche en protons
☐ ☐ **B.** le boson W^0 est impliqué
☐ ☐ **C.** la désintégration est possible si la masse de l'atome père est supérieure à la masse de l'atome fils plus les masses de deux électrons
☐ ☐ **D.** le noyau exerce une force attractive sur les particules émises
☑ ☐ **E.** le spectre énergétique est continu

140. L'émission α

☐ ☐ **A.** est une transition radioactive isobarique
☐ ☐ **B.** est accompagné de l'émission d'un neutrino
☑ ☐ **C.** ne s'observe qu'avec des atomes de numéro atomique élevé
☐ ☐ **D.** est un phénomène en concurrence avec la capture électronique
☑ ☐ **E.** comporte un noyau fils de recul

141. L'émission γ

☐ ☐ **A.** s'accompagne toujours d'une émission radioactive de type particulaire
☑ ☐ **B.** comporte un spectre énergétique caractéristique de l'élément radioactif
☑ ☐ **C.** est un phénomène en concurrence avec la conversion interne
☑ ☐ **D.** est à la base de la formation de l'image en médecine nucléaire
☑ ☐ **E.** est un rayonnement ionisant

142. Parmi les phénomènes qui dérivent de certaines transformations nucléaires, nous avons

☑ ☐ **A.** l'annihilation du positon
☐ ☐ **B.** la création de paires
☑ ☐ **C.** l'émission de photons de fluorescence
☑ ☐ **D.** l'émission d'électrons Auger
☐ ☐ **E.** la capture électronique

143. La réaction élémentaire suivante

$$^{A}_{Z}X \rightarrow ^{A1}_{Z1}Y + ^{A2}_{Z2}W + x \cdot n + Q$$

☑ ☐ **A.** se rapporte à la fission nucléaire
☐ ☐ **B.** pourrait se rapporter à l'émission α, à condition de poser $^{A2}_{Z2}W = ^{4}_{2}He$
☑ ☐ **C.** est rarement spontanée
☐ ☐ **D.** est souvent induite par l'impact d'un proton
☐ ☐ **E.** ne s'accompagne pas d'émission énergétique

144. La probabilité de désintégration du noyau atomique par unité de temps :

A. s'appelle la constante de désintégration λ ☐ ☑
B. s'appelle la période radioactive ou demi-vie T ☐ ☐
C. s'appelle la vie moyenne τ ☐ ☐
D. s'appelle l'activité A ☐ ☐
E. dépend du nombre initial de noyaux radioactifs présents ☐ ☐

145. L'unité d'activité du système international

A. est le Becquerel ☐ ☑
B. est le Curie ☐ ☐
C. correspond à l'activité spécifique ☐ ☐
D. correspond à une désintégration par seconde ☐ ☑
E. aucune réponse n'est juste ☐ ☐

146. Dans les schémas de désintégration

A. une flèche dirigée vers la gauche peut indiquer une émission β^+ ☐ ☑
B. une flèche dirigée vers la gauche peut indiquer une diminution du numéro atomique ☐ ☑
C. une flèche dirigée vers la gauche peut indiquer une émission d'un positron ☐ ☑
D. une flèche verticale peut indiquer une conversion interne ☐ ☑
E. une émission α peut être indiquée par une flèche quadruple ☐ ☐

147. L'équation $N_2(t) = N_2(0) + N_1(0)(1 - e^{-\lambda_2 \cdot t})$

A. régit la filiation à deux corps ☐ ☐
B. indique que N_2 est le noyau père ☐ ☐
C. indique que N_1 est stable ☐ ☐
D. indique un équilibre séculaire ☐ ☐
E. aucune réponse n'est juste ☐ ☑

148. Le radon 222

A. est un gaz radioactif ☐ ☑
B. est un produit de la désintégration du radium ☐ ☑
C. a une période de quelques jours ☐ ☑
D. est le produit d'une filiation caractéristique appelée équilibre séculaire ☐ ☑
E. est un radioélément naturel ☐ ☑

149. La réaction ${}^{A}X(n, \gamma){}^{A+1}X$

A. indique une réaction (n,γ) ☐ ☑
B. indique que ${}^{A}X$ est la cible ☐ ☑
C. est à la base de la production de ${}^{32}_{15}P$ par le ${}^{32}_{16}S$ ☐ ☐
D. indique que ${}^{A+1}X$ est un produit de fission ☐ ☐
E. est à la base de la production d'éléments artificiels ☐ ☐

150. Coefficients d'atténuation

☑ ☐ **A.** le coefficient d'atténuation linéique par effet photoélectrique est proportionnel au cube du numéro atomique de la cible
☐ ☐ **B.** le coefficient d'atténuation linéique par effet photoélectrique est proportionnel à l'énergie des photons incidents
☐ ☐ **C.** le coefficient d'atténuation linéique μ dépend uniquement du matériau absorbant
☑ ☐ **D.** le coefficient d'atténuation massique μ/ρ a pour équation aux dimensions $[L]^2 \cdot [M]^{-1}$
☑ ☐ **E.** le coefficient d'atténuation linéique par effet Compton est peu dépendant de Z

151. Mécanismes physiques d'interactions des rayonnements ionisants

☐ ☐ **A.** les particules chargées légères interagissent avec les électrons ou les atomes indépendamment de leur énergie
☑ ☐ **B.** plus la particule chargée est lente, plus elle provoquera d'ionisations
☐ ☐ **C.** les particules α interagissent surtout avec les noyaux
☑ ☐ **D.** un tissu mou qui reçoit un rayonnement γ est la source de rayonnements secondaires dans toutes les directions
☐ ☐ **E.** lors de l'atténuation à travers l'eau d'un faisceau d'électrons monoénergétiques d'énergie initiale de 1 MeV, la production de rayons X est très importante

152. Interactions des rayonnements ionisants

☑ ☐ **A.** la perte d'énergie des photons est régulièrement décroissante quelle que soit leur énergie
☐ ☐ **B.** la perte d'énergie d'une particule lourde est inversement proportionnelle à sa charge
☐ ☐ **C.** la perte d'énergie d'un rayonnement α diminue régulièrement le long de la trajectoire
☐ ☐ **D.** il n'y a pas de différence d'énergie totale cédée à une matière absorbante de grand volume par un β^- et par un β^+ de même énergie initiale
☐ ☐ **E.** le transfert linéique d'ionisation est sensiblement le même pour des électrons et des α de même énergie

153. Interactions des neutrons avec l'absorbant

☐ ☐ **A.** les neutrons rapides sont des particules directement ionisantes
☐ ☐ **B.** les neutrons rapides sont freinés par collisions avec les électrons atomiques de l'absorbant
☑ ☐ **C.** les neutrons thermiques ont une énergie cinétique très faible
☑ ☐ **D.** l'interaction des neutrons rapides est négligeable avec les électrons de la matière
☐ ☐ **E.** un faisceau de neutrons est composé de particules chargées lourdes

QCM

154. Trajectoires et parcours des rayonnements ionisants

A. les particules chargées légères ont une trajectoire rectiligne dans la matière absorbante ☐ ☐
B. les particules β^- ont un parcours maximum de quelques micromètres dans les tissus mous ☐ ☐
C. le parcours maximum des rayons γ de faible énergie est du même ordre de grandeur que celui des β de même énergie ☐ ☐
D. la trajectoire et le parcours des rayons α sont confondus ☐ ☑
E. le parcours moyen des électrons dans la matière dépend directement de leur énergie ☐ ☑

155. Transfert linéique d'énergie (TLE)

A. le TLE s'exprime habituellement en keV/µm ☐ ☑
B. les particules α ont le même TLE que les protons d'énergie égale ☐ ☐
C. les particules β ont un TLE d'autant plus élevé que leur énergie cinétique est plus faible ☐ ☑
D. les rayonnements X et γ sont des rayonnements à TLE élevé ☐ ☐
E. l'efficacité biologique des rayonnements ionisants est d'autant plus grande que leur TLE est plus élevé ☐ ☑

156. Le transfert linéique d'énergie (TLE)

A. dépend du spin de la particule incidente ☐ ☐
B. augmente quand le numéro atomique du milieu traversé augmente ☐ ☑
C. est indépendant de la densité du milieu ☐ ☐
D. est proportionnel au carré de la charge de la particule ☐ ☑
E. est proportionnel à la densité linéique d'ionisation ☐ ☑

157. L'efficacité biologique relative (EBR)

A. permet de mesurer la dose absorbée par un organisme ☐ ☐
B. l'EBR d'un rayonnement est le rapport entre la dose de ce rayonnement et celle d'un rayonnement de référence produisant les mêmes effets biologiques, dans les mêmes conditions ☐ ☐
C. l'EBR d'un rayonnement est lié au transfert linéique d'énergie ☐ ☑
D. le facteur de pondération radiologique des neutrons est le même quelle que soit leur énergie ☐ ☐
E. les électrons ont le même facteur de pondération radiologique que les photons X ☐ ☑

158. Unités de mesure de dose

☐ ☐ **A.** une dose exprimée en sieverts tient compte du débit d'irradiation
☑ ☐ **B.** une dose en grays est indépendante de la qualité du rayonnement
☑ ☐ **C.** une dose efficace et une dose équivalente s'expriment en sieverts
☐ ☐ **D.** une dose en grays tient compte de l'homogénéité du milieu absorbant
☐ ☐ **E.** dans l'étude de la survie d'une population de cellules en culture soumise à un rayonnement ionisant, la dose de celui-ci est exprimée en sieverts

159. Unités de mesure de dose

☐ ☐ **A.** une dose absorbée et une dose équivalente s'expriment en sieverts
☐ ☐ **B.** le gray a la dimension d'une puissance par unité de masse
☐ ☐ **C.** la dose équivalente est la dose d'irradiation absorbée par unité de temps
☐ ☐ **D.** une dose exprimée en grays tient compte du débit d'irradiation
☑ ☐ **E.** le kerma et la dose absorbée ne sont égaux que s'il y a équilibre électronique

160. Dose d'irradiation

☑ ☐ **A.** le calcul d'une dose absorbée nécessite de connaître la masse de l'absorbant
☐ ☐ **B.** une dose absorbée ne dépend pas de l'énergie du rayonnement incident
☐ ☐ **C.** dose la équivalente est d'autant plus élevée que l'efficacité biologique relative du rayonnement est plus basse
☑ ☐ **D.** la dose efficace doit tenir compte de la radiosensibilité propre de l'absorbant
☐ ☐ **E.** les effets biologiques provoqués par une dose équivalente de 1 sievert sont deux fois plus importants chez un sujet de 50 kg que chez un sujet de 100 kg

161. Radiolyse de l'eau

☐ ☐ **A.** en absence d'oxygène, il se produit le radical O_2H°
☑ ☐ **B.** la première étape de la radiolyse de l'eau produit des radicaux OH° et H°
☑ ☐ **C.** pour les rayonnements à faible TLE, l'oxygène dans l'eau produit un surplus d'eau oxygénée
☑ ☐ **D.** lors de la recombinaison d'un radical H° avec un radical OH°, l'effet est nul
☑ ☐ **E.** l'oxygène moléculaire réagit également avec le radical H° ou l'électron hydraté

162. Radicaux libres après irradiation

A. en présence de molécules organiques, le radical OH° peut engendrer un radical organique ☐ ☑
B. un radical libre est toujours ionisé ☐ ☐
C. la production de radicaux libres est spécifique d'une exposition aux rayonnements ionisants ☐ ☐
D. les lésions produites sur l'ADN par les radicaux libres sont toujours issues de la radiolyse de l'eau ☐ ☐
E. les réactions radiochimiques se produisent dans des temps très brefs (de l'ordre de 10^{-12} s) après l'irradiation ☐ ☑

163. L'action des rayonnements ionisants sur une solution aqueuse de macromolécules biologiques

A. peut produire directement des ruptures moléculaires ☐ ☑
B. peut produire des liaisons intermoléculaires ☐ ☑
C. est due en grande partie à la formation de radicaux libres ☐ ☑
D. est nettement diminuée en présence d'oxygène dissous ☐ ☐
E. ne concerne que la molécule d'ADN ☐ ☐

164. La radiosensibilité d'un tissu

A. est indépendante du débit de la dose d'exposition ☐ ☐
B. est minimale pendant la mitose des cellules ☐ ☐
C. est, en général, d'autant plus grande que la durée de vie des cellules est plus longue ☐ ☐
D. est faible pour un tissu peu différencié ☐ ☐
E. est d'autant plus grande que le rythme de multiplication cellulaire est élevé ☐ ☑

165. Effets biologiques des rayonnements ionisants

A. la gravité des effets d'une irradiation ionisante est diminuée en présence d'oxygène ☐ ☐
B. la gravité des effets d'une irradiation ionisante sur une population cellulaire est d'autant plus forte que les cellules sont plus différenciées ☐ ☐
C. la gravité des effets est augmentée, à dose totale égale, si la dose est fractionnée dans le temps. ☐ ☐
D. le faible parcours des rayons α dans les tissus mous les rend inoffensifs dans toutes les situations d'exposition ☐ ☐
E. les rayonnements ionisants ne provoquent que des ionisations ☐ ☐

166. Radiobiologie et radioprotection

☑ ☐ **A.** les effets déterministes des rayonnements n'apparaissent qu'à partir d'une certaine dose
☐ ☐ **B.** la gravité des effets stochastiques des rayonnements est fonction de la dose
☑ ☐ **C.** les effets cliniques ne peuvent apparaître que plusieurs années après une irradiation
☑ ☐ **D.** une substance radioprotectrice capte les radicaux libres produits dans l'eau
☑ ☐ **E.** parmi les effets déterministes des rayonnements ionisants on compte les effets tératogènes sur le fœtus

167. Radiobiologie et radioprotection

☑ ☐ **A.** dans les 9 premiers jours de la grossesse, l'effet des rayonnements ionisants sur le fœtus est soit nul, soit mortel
☑ ☐ **B.** en cas d'irradiation globale et homogène de l'organisme entier, les cellules les plus radiosensibles sont les cellules souches de la moelle osseuse et de la muqueuse intestinale
☑ ☐ **C.** l'exposition humaine aux sources d'origine naturelle varie selon la nature géologique des sols
☑ ☐ **D.** les normes de radioprotection sont établies de telle manière que le risque d'un effet déterministe des rayonnements est exclu
☐ ☐ **E.** un tissu mou qui reçoit un rayonnement γ peut devenir radioactif

168. Une source de rayons γ émet un rayonnement de 250 KeV pour lequel la couche semi-absorbante du cuivre est de 2 mm. Un débitmètre situé à 1 mètre de la source mesure, sans interposition d'écran, un débit d'exposition de 120 mSv par minute
À quelle exposition (en mSv), est soumis un organisme placé à 2 mètres pendant 2 minutes, derrière un écran protecteur de 4 mm de cuivre ?

☑ ☐ **A.** 15
☐ ☐ **B.** 30
☐ ☐ **C.** 60
☐ ☐ **D.** 120
☐ ☐ **E.** 180

169. Le TLE des photons γ de 1,46 MeV du ^{40}K est de 0,4 keV·μm^{-1}. Sachant que l'énergie moyenne d'ionisation des tissus est égale à 32 eV, quelle est la densité linéique d'ionisation due aux rayons γ en μm^{-1} ?

A. 1,25 ☐ ☐
B. 12,5 ☐ ☑
C. 36,5 ☐ ☐
D. 125 ☐ ☐
E. 1 250 ☐ ☐

170. On réalise une tomographie par émission de positons chez un patient en utilisant du $^{18}_{9}F$. Cet isotope a une période de 110 minutes. Le patient doit avoir une injection de 400 MBq à 13h30. La préparation de la seringue contenant le radiopharmaceutique a lieu à 8 heures le même jour. Quelle activité doit être préparée ?

A. 7 420 MBq ☐ ☐
B. 3 380 MBq ☐ ☐
C. 216 mCi ☐ ☐
D. 86,5 mCi ☐ ☑
E. aucune réponse n'est juste ☐ ☐

171. Quelle est la longueur d'onde γ de la radiation émise lors d'une transition électronique de la couche M à la couche K dans un atome d'hydrogène ?

On donne les énergies des différentes couches de l'atome :

$n = 1$	– 13,6 eV
$n = 2$	– 3,4 eV
$n = 3$	– 1,51 eV
$n = 4$	– 0,85 eV

A. environ $1 \cdot 10^{-26}$ m ☐ ☐
B. environ 500 nm ☐ ☐
C. environ 100 nm ☐ ☑
D. environ $1 \cdot 10^{-25}$ m ☐ ☐
E. aucune réponse n'est juste ☐ ☐

172. Quelle est l'activité de 10 ng d'iode 131 (période 8 jours), 24 jours après sa production ?

A. $4{,}6 \cdot 10^{10}$ MBq ☐ ☐
B. 4 000 GBq ☐ ☐
C. 46 MBq ☐ ☐
D. 5,7 MBq ☐ ☑
E. aucune réponse n'est juste ☐ ☐

173. On réduit l'intensité d'un faisceau de rayons X monochromatique de 95 % grâce à un matériau de 1 cm d'épaisseur. La couche de demie-atténuation (CDA) de ce matériau est de

- ☐ ☐ **A.** 13,5 cm
- ☐ ☐ **B.** $4{,}3 \cdot 10^{-3}$ m^{-1}
- ☑ ☐ **C.** 0,23 cm^{-1}
- ☐ ☐ **D.** $2{,}3 \cdot 10^{-3}$ m
- ☐ ☐ **E.** aucune réponse n'est juste

174. Un détecteur ayant une efficacité de 15 % est utilisé pour mesurer un rayonnement γ. À quelle distance R en mètres de la source se trouve le détecteur si l'angle solide sous lequel est vu la source est de $3{,}14 \cdot 10^{-2}$ stéradians et si le rayon r de la fenêtre de détection est de 1,2 cm ?

- ☐ ☐ **A.** 0,018
- ☐ ☐ **B.** 1,44
- ☐ ☐ **C.** 1,2
- ☑ ☐ **D.** 0,12
- ☐ ☐ **E.** 14,4

175. Une photocathode est composée d'un métal dont le travail d'extraction est égal à 2 eV. La photocathode reçoit un faisceau lumineux monochromatique de puissance 0,01 W et de longueur d'onde 400 nm.

- ☐ ☐ **A.** le nombre de photons incidents par seconde est de $3 \cdot 10^{16}$
- ☐ ☐ **B.** le nombre de photons incidents par seconde est de 310
- ☑ ☐ **C.** l'énergie cinétique des photo-électrons est de $1{,}75 \cdot 10^{-19}$ J
- ☐ ☐ **D.** l'énergie cinétique des photo-électrons est de $2{,}95 \cdot 10^{-19}$ J
- ☐ ☐ **E.** la dimension de la puissance a pour expression : $[M] \cdot [L]^{-2} \cdot [T]^{-3}$

176. L'Uranium (U) 235 est un élément radioactif. Le nombre Z de protons de l'uranium est 92. Par désintégrations successives α et β^-, il conduit au plomb (Pb) 207 dont le nombre Z est 82 et qui est stable. Le nombre total de désintégrations α et β^- qui ont conduit du nucléide ^{235}U au nucléide ^{207}Pb est

- ☐ ☐ **A.** 28 désintégrations α et 10 désintégrations β^-
- ☐ ☐ **B.** 14 désintégrations α et 10 désintégrations β^-
- ☑ ☐ **C.** 7 désintégrations α et 4 désintégrations β^-
- ☐ ☐ **D.** 4 désintégrations α et 7 désintégrations β^-
- ☐ ☐ **E.** aucune réponse n'est juste

177. Les neutrinos

A. sont des bosons neutres ☐ ☐
B. sont des particules élémentaires ☐ ☑
C. interviennent dans la transition bêta ☐ ☑
D. ont une masse au repos non nulle ☐ ☑
E. sont formés d'un triplet de quarks ☐ ☐

178. Les neutrons

A. sont des bosons neutres ☐ ☐
B. sont des particules élémentaires ☐ ☐
C. interviennent dans la transition bêta ☐ ☐
D. ont une masse au repos non nulle ☐ ☑
E. sont formés d'un triplet de quarks ☐ ☑

179. Le noyau atomique

A. est constitué de particules élémentaires : les bosons ☐ ☐
B. est appelé radioactif lorsqu'il change spontanément d'état énergétique ☐ ☑
C. est appelé radioactif lorsqu'il change spontanément de nature ☐ ☑
D. plus il devient lourd et plus le nombre de neutrinos augmente par rapport au nombre d'électrons ☐ ☐
E. l'énergie d'un noyau stable est inférieure à la somme des énergies de ses constituants ☐ ☐

180. Du point de vue physique, les interférences

A. ne s'observent qu'en présence de vibrations lumineuses ☐ ☐
B. ont été utilisées pour démontrer la nature corpusculaire de la lumière ☐ ☐
C. s'observent lorsque deux ondes de même type se rencontrent ☐ ☑
D. représentent un phénomène indissociable de celui de la diffraction ☐ ☑
E. la direction des vibrations lumineuses est longitudinale, c'est-à-dire parallèle à la direction de propagation ☐ ☐

181. L'onde de de Broglie

A. permet de représenter quantiquement la matière physique ☐ ☑
B. a une longueur inversement proportionnelle à la constante de Planck ☐ ☐
C. a une longueur proportionnelle à la quantité de mouvement ☐ ☐
D. a une longueur proportionnelle à la constante de Pauli ☐ ☐
E. aucune réponse n'est juste ☐ ☐

182. L'électron

☐ ☐ **A.** d'après le modèle de Rutherford, ne peut graviter que sur des orbites particulières, stables

☑ ☐ **B.** d'après le modèle de Heisenberg, il est impossible de déterminer simultanément sa position dans l'espace et sa quantité de mouvement

☐ ☐ **C.** peut passer sur une autre orbite (d'énergie potentielle inférieure), à condition qu'on lui fournisse l'énergie qui correspond à la différence d'énergie entre les deux niveaux

☐ ☐ **D.** se désexcite en émettant :
a. un photon X si l'atome cible est un atome léger
b. un photon UV si l'atome cible est un atome lourd

☐ ☐ **E.** aucune réponse n'est juste

183. Dans l'émission β^+

☑ ☐ **A.** le noyau est trop riche en protons

☐ ☐ **B.** le boson W^0 est impliqué

☑ ☐ **C.** la désintégration est possible si la masse de l'atome père est supérieure à la masse de l'atome fils plus les masses de deux positons

☐ ☐ **D.** le noyau exerce une force attractive sur la particule β émise

☑ ☐ **E.** le spectre énergétique est continu

184. La capture électronique

☐ ☐ **A.** est un phénomène en concurrence avec l'émission α

☐ ☐ **B.** concerne les atomes légers si et seulement si la masse de l'atome père est supérieure à la masse de l'atome fils

☑ ☐ **C.** est plus fréquente chez les atomes lourds

☑ ☐ **D.** est une transition isobarique

☐ ☐ **E.** est un phénomène en concurrence avec la conversion interne

185. La réaction élémentaire suivante ${}^{A}_{Z}X^* \rightarrow {}^{A}_{Z}X + Q$

☐ ☐ **A.** se rapporte à la fission nucléaire

☑ ☐ **B.** est une transition isobarique

☑ ☐ **C.** se rapporte à la conversion interne

☑ ☐ **D.** se rapporte à la désexcitation électromagnétique

☐ ☐ **E.** ne s'accompagne pas d'émission énergétique

186. Complétez la réaction élémentaire suivante $F \rightarrow G + h + {}^{0}_{0}\bar{\nu} + Q$

A. F = atome père (nombre de masse = A, nombre atomique = Z)
G = atome fils (nombre de masse = A, nombre atomique = Z + 1)
h = électron ☐ ☑

B. F = atome père (nombre de masse = A, nombre atomique = Z)
G = atome fils (nombre de masse = A, nombre atomique = Z − 1)
h = positon ☐ ☐

C. F = atome père (nombre de masse = A, nombre atomique = Z)
G = atome fils (nombre de masse = A + 1, nombre atomique = Z)
h = positon ☐ ☐

D. F = atome père (nombre de masse = A, nombre atomique = Z)
G = atome fils (nombre de masse = A − 1, nombre atomique = Z)
h = électron ☐ ☐

E. aucune réponse n'est juste ☐ ☐

187. Parmi les phénomènes qui dérivent de certaines transitions radioactives nous avons

A. l'annihilation du positon ☐ ☑
B. la capture électronique ☐ ☑
C. la conversion interne ☐ ☑
D. l'émission de rayonnements (photons) de fluorescence ☐ ☑
E. l'émission d'électrons Auger ☐ ☑

188. La constante de désintégration λ dépend

A. de la demi-vie du radioélément ☐ ☑
B. du nombre initial de noyaux radioactifs présents ☐ ☐
C. du temps d'origine (âge moyen du radioélément) ☐ ☐
D. de l'état chimique de l'atome ☐ ☐
E. de la pression et de la température ☐ ☐

189. L'activité de la source radioactive

A. est le nombre de noyaux qui se désintègrent par unité de temps ☐ ☑
B. est inversement proportionnelle à la constante de désintégration ☐ ☐
C. est proportionnelle au nombre de noyaux radioactifs présents ☐ ☑
D. l'activité spécifique est le nombre de désintégrations par unité de temps et par mole d'un composé marqué donné ☐ ☑
E. aucune réponse n'est juste ☐ ☐

190. Les filiations radioactives

☑ ☐ **A.** sont l'ensemble des désintégrations qui partent d'un noyau initial radioactif pour aboutir à un noyau final stable
☑ ☐ **B.** l'analyse de la filiation se fait sous forme différentielle
☑ ☐ **C.** l'analyse de la filiation est complexe lorsque plus de trois éléments décroissent en même temps
☑ ☐ **D.** les filiations radioactives des familles radioactives naturelles sont complexes
☐ ☐ **E.** aucune réponse n'est juste

191. Rayonnements ionisants

☑ ☐ **A.** est de type électromagnétique ou particulaire
☑ ☐ **B.** lorsqu'un rayonnement ionisant traverse un milieu quelconque, on observe un échange d'énergie avec ce milieu
☐ ☐ **C.** les infrarouges sont des rayonnements indirectement ionisants
☑ ☐ **D.** il est impossible d'arrêter totalement un rayonnement ionisant
☐ ☐ **E.** aucune réponse n'est juste

192. Interactions des particules chargées avec la matière

☑ ☐ **A.** une particule chargée qui passe au voisinage d'un atome peut interagir avec son cortège électronique
☐ ☐ **B.** une particule chargée qui passe au voisinage d'un atome voit son énergie cinétique augmenter par interaction coulombienne
☑ ☐ **C.** une particule chargée qui passe au voisinage d'un atome peut interagir avec son noyau
☑ ☐ **D.** l'atome qui interagit avec une particule lourde peut être excité
☑ ☐ **E.** l'atome qui interagit avec une particule lourde peut être ionisé

193. Interactions d'un rayonnement avec la matière

☐ ☐ **A.** lorsque l'énergie transférée est inférieure à l'énergie de liaison de l'électron, l'électron cible est éjecté de son orbite
☑ ☐ **B.** la particule incidente, sous l'effet des interactions électrostatiques avec le noyau, est déviée de sa trajectoire
☑ ☐ **C.** les rayons X représentent une conséquence possible de l'interaction d'un rayonnement avec la matière
☑ ☐ **D.** la détection des rayonnements ionisants représente une conséquence possible de l'interaction d'un rayonnement avec la matière
☐ ☐ **E.** aucune réponse n'est juste

194. Le détecteur idéal devrait avoir

A. une efficacité négligeable	☐	☐
B. un temps mort négligeable	☐	☑
C. un bruit de fond négligeable	☐	☑
D. un rayonnement diffusé négligeable	☐	☑
E. une statistique de comptage négligeable	☐	☐

195. À l'aide du schéma ci-dessous, indiquez la(les) réponse(s) juste(s) éventuelle(s)

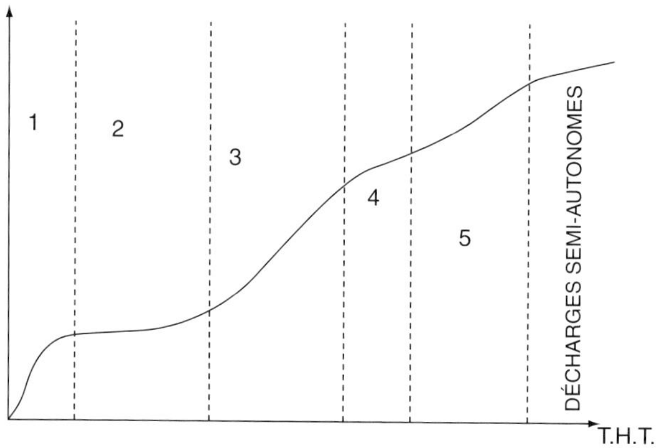

A. zone de recombinaison = 2	☐	☐
B. compteur proportionnel = 1	☐	☐
C. chambre d'ionisation = 3	☐	☐
D. compteur Geiger-Müller = 4	☐	☐
E. zone intermédiaire = 5	☐	☐

196. Le Kerma

A. est un acronyme d'une expression anglaise	☐	☑
B. correspond à l'énergie cinétique transférée par unité de masse	☐	☑
C. correspond à la quantité d'énergie effectivement absorbée par unité de masse	☐	☐
D. correspond à la dose absorbée uniquement en cas d'équilibre électronique	☐	☑
E. ne tient pas compte du type de tissu	☐	☑

197. Les effets radiobiologiques des rayonnements ionisants

☑ ☐ **A.** concernent les effets des rayonnements ionisants sur la matière vivante

☐ ☐ **B.** débutent quelques secondes après l'irradiation, avec les phénomènes physiques et radiochimiques

☑ ☐ **C.** s'observent jusqu'à des années après l'irradiation, avec les effets stochastiques et déterministes

☑ ☐ **D.** s'étudient avec les principes de la dosimétrie

☐ ☐ **E.** aucune réponse n'est juste

198. Les effets chromosomiques des rayonnements

☑ ☐ **A.** sont plus importants s'ils concernent les lésions double brin et les altérations des bases

☐ ☐ **B.** entraînent des anomalies chromosomiques instables (effets déterministes) ou stables (effets stochastiques)

☑ ☐ **C.** dépendent du type de rayonnement concerné

☐ ☐ **D.** les réparations « fidèles » de l'ADN conduisent à des remaniements des chromosomes

☑ ☐ **E.** le retard des mitoses apparaît pour des doses de quelques centièmes de gray et croît avec la dose administrée

199. Effets cellulaires des rayonnements

☑ ☐ **A.** les cellules irradiées peuvent perdre irréversiblement leur capacité de prolifération : c'est la mort différée

☐ ☐ **B.** la mort cellulaire radio-induite intervient exclusivement suite à des lésions chromosomiques d'emblée létales

☑ ☐ **C.** la loi de Bergonie et Tribondeau stipule une radiorésistance beaucoup plus élevée pour les cellules différenciées que pour les cellules à grande activité mitotique

☑ ☐ **D.** lorsqu'il existe une cible cellulaire qui, si atteinte, provoque systématiquement la mort de la cellule, on peut observer des courbes de survie cellulaires de type exponentiel

☑ ☐ **E.** lorsqu'il existe une cible cellulaire qui, si atteinte, provoque systématiquement la mort de la cellule, on peut observer des courbes de survie cellulaires de type sigmoïde

200. Transfert linéique d'énergie (TLE)

A. pour les rayonnements à faible TLE, la relation « dose-effet » est linéaire quadratique ☐ ☑
B. pour les rayonnements à faible TLE, les courbes de survie cellulaires sont de type sigmoïde ☐ ☑
C. pour les rayonnements à faible TLE, l'effet oxygène est très important ☐ ☑
D. pour les rayonnements à TLE élevé, la relation « dose-effet » est linéaire ☐ ☑
E. pour les rayonnements à TLE élevé, les courbes de survie cellulaires sont de type exponentiel ☐ ☑

201. Radioexposition

A. afin de se protéger efficacement d'un générateur de rayons X, il faut penser à la l'irradiation externe et à la contamination interne ☐ ☐
B. afin de se protéger efficacement d'un élément radioactif, il faut penser à la l'exposition externe et à la contamination interne ☐ ☐
C. le radon 222 est un gaz responsable d'une contamination interne d'origine naturelle ☐ ☑
D. la dose efficace annuelle moyenne liée à la radioactivité naturelle est d'environ 2 µSv/an ☐ ☐
E. la dose efficace annuelle moyenne liée à la radioactivité naturelle est généralement supérieure à la dose efficace annuelle moyenne liée à la radioactivité artificielle ☐ ☑

202. Radioprotection

A. les effets stochastiques des rayonnements n'apparaissent qu'à partir d'une certaine dose ☐ ☐
B. la fréquence des effets stochastiques des rayonnements sur une population donnée est fonction de la dose ☐ ☑
C. le principe de l'optimisation de dose ne s'applique pas aux expositions médicales aux rayonnements ionisants ☐ ☐
D. concernant la justification d'une exposition médicale aux rayonnements ionisants, il existe trois niveaux d'analyse d'une pratique en médecine ☐ ☑
E. le contrôle de la radioactivité est une mesure de radioprotection qui concerne la radioprotection de la population et du personnel professionnellement exposé ☐ ☑

203. L'expérience des « Fentes d'Young »

☑ ☐ **A.** permet d'obtenir des interférences lumineuses
☐ ☐ **B.** permet d'obtenir deux ondes lumineuses émises en phase
☐ ☐ **C.** permet d'obtenir des franges successivement claires et sombres au niveau des sources secondaires
☑ ☐ **D.** plus les fentes sont éloignées l'une de l'autre, plus les franges sont rapprochées
☐ ☐ **E.** plus les fentes sont rapprochées l'une de l'autre, plus les franges sont rapprochées

204. Soit une particule chargée lourde dont le transfert d'énergie linéique (TEL) est de 340 keV·µm^{-1}. Quelle est l'ionisation spécifique de cette particule dans l'air (énergie de ionisation de l'air = 34 eV) ?[(204.1)]

☐ ☐ **A.** 3 529 ionisations par micronmètre
☐ ☐ **B.** 3,529 ionisations par micronmètre
☐ ☐ **C.** 5 239 ionisations par micronmètre
☑ ☐ **D.** 10 000 ionisations par micronmètre
☐ ☐ **E.** 0,698 ionisation par micronmètre

205. On interpose un écran de 5 cm de Pb (μ_{Pb} = 2 mm^{-1}) entre la source et un détecteur dont l'efficacité est de 15 %. Quelle est l'activité de la source si le nombre de gamma détecté est de 10 000 par comptage de 2 minutes ?[(205.1)] *(on admettra qu'il y a un photon par désintégration, $e \cdot \Pi = 8{,}5$ et $\Omega = 10^{-3}$ Sr)*

☑ ☐ **A.** 7,7 MBq
☐ ☐ **B.** 9,26 MBq
☐ ☐ **C.** 10 MBq
☐ ☐ **D.** 0,4 MBq
☐ ☐ **E.** 9,26 mCi

206. Un faisceau de rayons X de flux incidents F_0 traverse un bloc de métal d'épaisseur de 24 cm. Le flux de sortie F vaux $F_0/8$. Calculer la CDA.[(206.1)]

☐ ☐ **A.** 3 cm
☐ ☐ **B.** 12 cm
☐ ☐ **C.** 2 cm
☑ ☐ **D.** 8 cm
☐ ☐ **E.** 4 cm

204.1. Densité linéique d'ionisation (DLI) = nb d'ionisation/unité de longueur.
Ionisation spécifique (ω) = énergie par ionisation dans le milieu traversé.
DLIair = TEL/ω_{air} → $DLI_{air} = 340 \cdot 10^3/34$ → DLI_{air} = 10 000 ionisations/µm.

205.1. Soit Nd l'activité détectée et N_0 l'activité de la source :
$Nd = N_0 \cdot e^{-\mu x} \cdot \epsilon \cdot t \cdot (\Omega/4\pi) \rightarrow N_0 = Nd \cdot e^{+\ \mu x} \cdot 1/\epsilon \cdot 1/t \cdot (4\pi/\Omega)$.
$N_0 = 10\,000 \cdot e^{+0,2\ 5} \cdot 1/0,\ 10 \cdot 1/120 \cdot (4\pi\ /10^{\ -3}) = 7{,}7 \cdot 10^6$ Bq.

206.1. $F = F_0 \cdot e^{-\mu x}$ et μ = ln2/CDA.
Si $F = F_0/8$, alors $e^{-\mu x} = 1/8 \rightarrow -\mu x = -\ln 8$.
$-$ (ln2/CDA)·x = $-$ ln8 → CDA = (ln2/ln8)·x = 8 cm

207. Parmi les particules qui transmettent les forces fondamentales

A. les hadrons sont sensibles aux forces nucléaires faibles ☐ ☐
B. les hadrons sont sensibles à la force électromagnétique ☐ ☐
C. les hadrons sont sensibles aux forces nucléaires fortes ☐ ☑
D. les hadrons sont sensibles à la force gravitationnelle ☐ ☑
E. les hadrons ne sont pas des particules élémentaires ☐ ☑

208. Énergie de liaison par nucléon

A. les éléments radioactifs légers gagnent en stabilité par fusion ☐ ☑
B. les éléments radioactifs légers gagnent en stabilité par fission ☐ ☐
C. les éléments radioactifs lourds gagnent en stabilité par fusion ☐ ☐
D. les éléments radioactifs lourds gagnent en stabilité par fission ☐ ☑
E. le deutérium (isotope de l'hydrogène) a une énergie de liaison par nucléon plus importante que l'uranium 238 ☐ ☐

209. Parmi les groupes de noyaux suivants, choisissez le groupe d'isotones

A. ${}^{11}_{6}C\ {}^{12}_{6}C\ {}^{13}_{6}C\ {}^{14}_{6}C$ ☐ ☐
B. ${}^{14}_{6}C\ {}^{14}_{7}N$ ☐ ☐
C. ${}^{14}_{6}C\ {}^{15}_{7}N\ {}^{16}_{8}O$ ☐ ☑
D. ${}^{99}_{43}Tc\ {}^{99m}_{43}Tc$ ☐ ☐
E. aucune réponse n'est juste ☐ ☐

210. Parmi les réactions nucléaires suivantes, indiquer quelles sont les possibles (vraies)

A. ${}^{1}_{0}n \rightarrow {}^{1}_{1}p + {}^{0}_{-1}e + \bar{\nu}_e + Energie$ ☐ ☑
B. ${}^{1}_{1}p \rightarrow {}^{1}_{0}n + {}^{0}_{+1}e + \nu_e + Energie$ ☐ ☑
C. ${}^{99}_{42}Mo \rightarrow {}^{99m}_{43}Tc + {}^{4}_{2}He$ ☐ ☐
D. ${}^{201}_{81}Tl \rightarrow {}^{201}_{80}Hg + {}^{0}_{+1}e + V_e$ ☐ ☐
E. ${}^{A}_{Z}X \rightarrow {}^{1}_{1}p + {}^{A}_{Z+1}Y + {}^{1}_{0}n$ ☐ ☐

211. Un échantillon de 10 mCi de ${}^{11}C$, de période 20 minutes, reste inutilisé pendant 1 heure, que reste-t-il ?

A. $7{,}30 \cdot 10^{12}$ atomes ☐ ☑
B. $5{,}13 \cdot 10^{12}$ atomes, ☐ ☐
C. $7{,}82 \cdot 10^{7}$ atomes ☐ ☐
D. $1{,}30 \cdot 10^{6}$ atomes ☐ ☐
E. $4{,}52 \cdot 10^{4}$ atomes ☐ ☐

212. Le mode de désintégration β^+

☐ ☐ **A.** permet à l'isotope de perdre son excès de neutrons
☑ ☐ **B.** est une transformation isobarique
☑ ☐ **C.** est équivalent à la capture électronique, si l'on ne considère que la composition en nucléons du noyau final
☑ ☐ **D.** s'accompagne de l'émission d'un neutrino
☑ ☐ **E.** se caractérise par la formation finale de deux photons γ d'annihilation

213. La réaction d'annihilation

☐ ☐ **A.** se produit entre un positron et un neutron
☐ ☐ **B.** aboutit à la production de deux électrons à 90° l'un de l'autre
☐ ☐ **C.** aboutit à la production de deux photons d'énergie $<$ 0,5 MeV
☐ ☐ **D.** aboutit à la production de deux photons d'énergie dépendant de l'énergie de l'électron incident
☑ ☐ **E.** constitue la base physique de la tomographie par émission de positon

214. Parmi les rayonnements suivants, lesquels ne sont pas de nature électromagnétique ?

☐ ☐ **A.** RX
☐ ☐ **B.** infra-rouges
☑ ☐ **C.** neutrinos
☐ ☐ **D.** photons
☑ ☐ **E.** protons

215. Parmi les rayonnements suivants, lesquels appartiennent au groupe des bosons ?

☐ ☐ **A.** quarks
☐ ☐ **B.** électrons
☑ ☐ **C.** photons
☑ ☐ **D.** gluons
☑ ☐ **E.** W^0

216. Dans une onde électromagnétique (OEM)

☐ ☐ **A.** le champ magnétique B est parallèle au champ électrique E
☑ ☐ **B.** le champ magnétique B est en phase avec le champ électrique E
☐ ☐ **C.** le champ magnétique B est en quadrature de phase avec le champ électrique E
☐ ☐ **D.** le champ magnétique B est perpendiculaire au champ électrique E
☐ ☐ **E.** le déplacement de l'OEM est parallèle au plan défini par le champ magnétique B et le champ électrique E

217. Parmi les particules suivantes, lesquelles sont élémentaires ?

A. le photon ☐ ☑
B. le neutron ☐ ☐
C. le proton ☐ ☐
D. le neutrino ☐ ☑
E. le quark u ☐ ☑

218. Une particule élémentaire a nécessairement

A. une masse nulle au repos ☐ ☐
B. un spin I non nul ☐ ☐
C. une charge électrique entière ☐ ☐
D. une antiparticule correspondante ☐ ☑
E. une interaction avec le champ gravitationnel ☐ ☑

219. Parmi les particules suivantes, lesquelles ont une portée d'interaction infinie ?

A. les gluons ☐ ☐
B. les bosons W^0 ☐ ☐
C. les bosons W^+ ☐ ☐
D. les bosons W^- ☐ ☐
E. les photons ☐ ☑

220. Parmi les particules suivantes, lesquelles appartiennent au groupe des fermions ?

A. quarks ☐ ☑
B. électrons ☐ ☑
C. photons ☐ ☐
D. neutrinos ☐ ☑
E. aucune réponse n'est juste ☐ ☐

221. La constante d'action h de Planck a pour dimension dans le système SI

A. $[M]\cdot[L]^2\cdot[T]^{-2}$ ☐ ☐
B. $[M]\cdot[L]^2\cdot[T]^{-1}$ ☐ ☑
C. $J\cdot s$ ☐ ☐
D. $[M]\cdot[L]\cdot[T]^{-1}$ ☐ ☐
E. $J\cdot s^{-1}$ ☐ ☐

222. L'énergie de liaison par nucléon

☑ ☐ **A.** dépend du défaut de masse du noyau
☑ ☐ **B.** est le rapport entre l'énergie totale de l'atome et le nombre de masse
☑ ☐ **C.** est le rapport entre l'énergie totale de l'atome et le nombre de nucléons
☐ ☐ **D.** est le rapport entre l'énergie totale de l'atome et le nombre d'électrons
☐ ☐ **E.** est le rapport entre l'énergie totale de l'atome et le nombre de neutrons

223. La dualité onde-corpuscule

☑ ☐ **A.** s'applique à toutes les ondes électromagnétiques
☑ ☐ **B.** a été mise en équation par de de Broglie
☐ ☐ **C.** s'oppose aux théories d'Einstein et de Planck
☐ ☐ **D.** ne s'applique qu'à la lumière visible
☑ ☐ **E.** fait entrer en jeu la constante de Planck

224. Un échantillon de 10 mCi de ^{11}C, de période 20 minutes, reste inutilisé pendant 1 heure, que reste-t-il ?

☑ ☐ **A.** 46,25 MBq
☐ ☐ **B.** 46,25 GBq
☐ ☐ **C.** 4,625 MBq
☐ ☐ **D.** 4,625 GBq
☐ ☐ **E.** 1 mCi

225. La réaction d'annihilation

☐ ☐ **A.** se produit entre un positron et un neutron
☐ ☐ **B.** aboutit à la production de deux électrons à 90° l'un de l'autre
☐ 225.1 ☐ **C.** aboutit à la production de deux photons gamma
☑ ☐ **D.** se produit entre une particule et une antiparticule
☑ ☐ **E.** constitue la base physique de la tomographie par émission de positon

226. Sur le noyau agissent

☐ ☐ **A.** les forces éléctromagnétiques
☑ ☐ **B.** les forces nucléaires fortes, attractives
☑ ☐ **C.** les forces nucléaires fortes, répulsives
☐ ☐ **D.** les forces nucléaires faibles
☐ ☐ **E.** aucune de ces forces

227.1. Il ne s'agit pas à proprement parler de photons gamma, étant donné qu'ils ne sont pas issus d'un noyau atomique.

227. La capture électronique

A. concerne la transformation d'un neutron en proton ☐ ☐
B. peut déclencher l'émission d'un photon de fluorescence ☐ ☑
C. peut déclencher l'émission d'un électron Auger ☐ ☑
D. concerne les éléments ayant un excès de photons ☐ ☐
E. concerne les éléments dont le défaut de masse est supérieure à 1,022 MeV ☐ ☐

228. Quelles sont les propositions vraies ?

A. les bosons ont un spin I forcément nul ☐ ☐
B. les bosons ont un spin I entier ☐ ☐
C. les bosons sont responsables du principe d'exclusion de Pauli ☐ ☐
D. les fermions sont solitaires ☐ ☑
E. les bosons sont grégaires ☐ ☑

229. Parmi les particules suivantes, lesquelles sont vectrices de forces fondamentales ?

A. le neutron ☐ ☐
B. le proton ☐ ☐
C. le photon ☐ ☑
D. le neutrino ☐ ☐
E. le gluon ☐ ☑

230. Un échantillon radioactif de Tc 99, de période $2{,}1 \cdot 10^5$ ans, présente une activité de 1 kilobecquerel. Quelle est la masse de cet échantillon ?

A. $4{,}98 \cdot 10^{-14}$ g ☐ ☐
B. $4{,}98 \cdot 10^{-14}$ kg ☐ ☐
C. aucune solution proposée ☐ ☐
D. $1{,}57 \cdot 10^{-6}$ g ☐ ☑
E. $1{,}1 \cdot 10^{-6}$ kg ☐ ☐

231. On éclaire une cellule photoélectrique avec une lumière UV de 200 nm de longueur d'onde. La contre-tension maximale est de 2 Volts. Quelle est l'énergie d'extraction des électrons du métal de la cathode ?

A. $6{,}73 \cdot 10^{-19}$ J ☐ ☑
B. $6{,}73 \cdot 10^{-19}$ W ☐ ☐
C. 4,2 eV ☐ ☑
D. 2,2 J ☐ ☐
E. 4,2 W ☐ ☐

232. Quelles sont les caractéristiques d'une onde électromagnétique dont la longueur d'onde est 10 μm ?

☑ ☐ **A.** $3 \cdot 10^{13}$ Hz
☐ ☐ **B.** 30 GHz
☑ ☐ **C.** $2 \cdot 10^{-20}$ J
☑ ☐ **D.** 0,12 eV
☐ ☐ **E.** $1{,}6 \cdot 10^{-19}$ J

233. Soit une source ponctuelle de rayonnement électromagnétique d'énergie E = 1 eV, émettant 10^{12} photons par seconde dans tout l'espace, de façon isotrope

☐ ☐ **A.** la fréquence du rayonnement est de $1{,}51 \cdot 10^{33}$ Hz
☑ ☐ **B.** la puissance de la source est de $1{,}6 \cdot 10^{-7}$ W
☐ ☐ **C.** la masse équivalente des photons est de 0,511 MeV
☑ ☐ **D.** la longueur d'onde du rayonnement est de 1 250 nm
☑ ☐ **E.** la période de l'onde électromagnétique est de $4{,}15 \cdot 10^{-15}$ s

234. L'activité d'une source radioactive est mesurée par un détecteur. Le nombre d'impulsions donné par ce détecteur

☑ ☐ **A.** dépend du temps de comptage
☐ ☐ **B.** est indépendant de l'efficacité du détecteur
☑ ☐ **C.** est directement proportionnel à l'angle solide sous lequel la source est vue
☑ ☐ **D.** sera minoré par l'atténuation de l'air
☐ ☐ **E.** est inversement proportionnel à l'angle solide sous lequel la source est vue

235. Le fluor 18 ($^{18}_{9}F$) est le marqueur radioactif du ^{18}FDG, traceur utilisé en médecine nucléaire pour la tomographie à positons
On donne : défaut de masse du $^{18}_{9}F$: 0,8720 MeV ; défaut de masse du $^{18}_{8}O$: –0,7824 MeV.

☐ ☐ **A.** il se désintègre selon la réaction : $^{18}_{9}F \rightarrow ^{18}_{8}O + ^{0}_{+1}e + \nu_e + Q_{\beta^+}$
☐ ☐ **B.** ou selon la réaction : $^{18}_{9}F \rightarrow ^{18}_{8}O + ^{0}_{+1}e + \nu_e + Q_{\beta^+}$
☑ ☐ **C.** le $Q_{\beta+}$ vaut 1,65 MeV
☐ ☐ **D.** le $Q_{\beta+}$ vaut 0,634 MeV
☐ ☐ **E.** le fluor 18 peut également décroître par capture électronique

236. Dans un générateur de ^{99m}Tc

A. le père est le ^{99}Mo qui décroît avec une activité β^+	☐	☐
B. le ^{99}Mo est élué du générateur par du sérum physiologique	☐	☑
C. le ^{99m}Tc décroît en ^{99}Tc qu'il soit élué ou non du générateur	☐	☑
D. à l'équilibre, le rapport entre l'activité en ^{99m}Tc et l'activité en ^{99}Mo est constant	☐	☑
E. l'état métastable du ^{99m}Tc est un état excité	☐	☑

237. Dans un cyclotron, on peut accélérer

A. des neutrons	☐	☐
B. des photons	☐	☐
C. des protons	☐	☑
D. des deutons	☐	☑
E. aucune de ces particules	☐	☐

470899 - (I) - (4,5) - OSB 100° - SPI

ELSEVIER MASSON S.A.S
62, rue Camille-Desmoulins
92442 Issy-les-Moulineaux Cedex
Dépôt légal : août 2010

Achevé d'imprimer sur les presses de
Ten Brink
7944 Meppel

Imprimé aux Pays-Bas